비건 베이킹

테크닉 마스터

김창석, 이경미, 이정숙, 이지선 공저

다락원

Prologue

제과 산업별역량체계(SQF ; Sectoral Qualifications Framework)는 산업 현장에서 요구되는 표준 직무를 도출하고 이를 구조화하여, 교육·훈련·자격·경력을 유기적으로 연계할 수 있도록 설계된 체계이다. SQF는 개인의 역량을 체계적으로 개발하고 이를 객관적으로 인정받을 수 있는 기반을 마련하며, 특히 제과 분야에서는 케이크류, 구움 과자류, 타르트·파이류 등의 실질적인 제작 능력을 중심으로 직무 역량을 구성하고 있다. 이번에 출간하는 ≪비건 베이킹 테크닉 마스터≫는 이러한 SQF를 기반으로 비건 베이킹 교육 콘텐츠를 구성하였으며, 단순한 레시피 소개를 넘어서 산업 현장에서 요구되는 전문성과 역량을 함께 함양할 수 있도록 돕는다.

비건 베이킹은 버터와 달걀 같은 동물성 재료를 사용하지 않으면서도 맛과 품질을 유지하는 제과 기술이다. 일반적인 공립법이나 별립법을 사용하는 전통 베이킹과 달리, 비건 베이킹은 액체 재료와 가루 재료를 나누어 섞는 단순한 공정으로 진행되어, 초보자도 쉽게 접근할 수 있는 장점이 있다.

≪비건 베이킹 테크닉 마스터≫는 실제 교육 현장에서 축적된 경험과 노하우를 바탕으로 구성되어 있어, 각 공정을 누구나 쉽게 따라 할 수 있으며, 기존 베이킹 경험자뿐만 아니라, 베이킹을 처음 시작하는 초보자에게도 유용한 정보를 제공한다. 특히, ≪비건 베이킹 테크닉 마스터≫에는 비건 버터, 비건 타르트지, 비건 키슈 등 비건에 특화된 다양한 품목의 레시피와 함께, 견과류, 오트밀 등 식물성 재료의 특성과 응용 방법이 상세히 소개되어 있다. 따라서, 식물성 재료의 고유한 풍미를 살리는 법, 대체 재료의 원리, 조화로운 재료 구성 방법 등 창의적인 실험 등을 통해 자신만의 비건 디저트를 완성해 가는 즐거움과 성취감을 함께 전달하고자 한다.

또한, ≪비건 베이킹 테크닉 마스터≫는 SQF 직무맵과 직무역량체계를 반영하여, 각 챕터마다 해당 직무 수행에 필요한 지식, 기술을 체계적으로 학습할 수 있도록 구성되어 있다. 이는 학교나 훈련기관에서 교육 프로그램을 설계하거나 평가도구를 활용하는 데 도움이 되며, 독자들이 비건 베이킹의 기본 원리부터 고급 기술까지 단계적으로 습득하는 데에도 도움이 될 수 있다.

비건 베이킹은 단순한 트렌드를 넘어 건강과 지속 가능성을 고려한 실천이며, 이를 통해 새로운 재료와 기법을 배우는 즐거움, 자신만의 독창적인 디저트를 만들어내는 성취감을 경험할 수 있다.

끝으로 이번에 출간하는 ≪비건 베이킹 테크닉 마스터≫는 제과 분야의 전문 역량을 향상시키고, 나아가 지속 가능한 베이킹 기술의 발전을 이끄는 중요한 동반자가 되어줄 것이다.

저자 일동

※ 산업별역량체계(SQF ; Sectoral Qualification Framework) : 상세 내용은 한국산업인력공단 국가직무능력표준 사이트(https://www.ncs.go.kr) 참고

Material Introduction

01_박력분

제과용 박력분을 주로 사용한다.

02_베이킹파우더

베이킹파우더는 기포를 형성하여 반죽이 부풀어 오르는 데 도움을 준다.

03_베이킹소다

반죽이 부풀어 오르거나 부드러워지는 데 도움을 준다.

04_통밀가루

밀의 외피와 내부를 모두 갈아서 만든 가루로 섬유질과 영양소를 최대한 보존한다.

05_아몬드 분말

아몬드를 분말로 만든 제품으로 고소한 풍미가 있다.

06_두유

우유 대신 가장 무난하게 사용할 수 있는 재료로 당이 없는 무가당, 무첨가물을 사용한다. 이 책에서는 '매일두유 99.9'를 사용한다.

07_유기농 비정제 설탕

정제되지 않은 설탕으로 백설탕과 비교하여 당도는 낮은 편이지만 특유의 풍미와 미네랄을 함유하고 있다.

08_오일

오일은 색과 냄새가 없고 발연점이 높은 것을 사용하는 것이 좋다. 이 책에서는 주로 포도씨유를 사용한다.

09_조청

'인공적인 꿀'이라는 뜻의 조청은 곡식을 엿기름으로 삭혀 만든 감미료로 꿀을 사용할 수 없는 비건 베이킹에 꿀 대신 사용할 수 있다.

10_아가베 시럽

아가베 선인장의 밑동 부분인
'피냐'에서 추출한 수액으로
혈당지수가 낮은 천연당이다.

13_바닐라 에센스

바닐라향을 내는 향료로 두부 및
두유, 기타 재료가 가지고 있는
특유의 향을 가리기 위해
사용한다.

11_메이플 시럽

메이플나무의 수액에서 채취하여
만든 천연 시럽으로 특유의 독특
한 향을 가지고 있다.

14_두부

두부는 반죽에 농도를 더하거나
크림 등 프로스팅을 만들 때
으깨서 사용하면 좋다.
두부는 사용하기 전날 물기를
제거한 후 새로운 물에 담가
냉장고에 하루 보관하면 비린내
를 최소화할 수 있다.

12_코코넛 오일

코코넛에서 추출한 식물성 오일로
특유의 풍미와 부드러운 질감을
가지고 있다. 24℃ 이하에서는
고체 상태, 그 이상에서는 액체 상태
이므로 제품에 따라 고체 또는
액체로 사용하는 것이 좋다.

15_아마씨

아마 식물의 씨앗으로 오메가-3,
식이섬유 등이 풍부하게 함유되어
있다. 이 책에서는 생 아마씨를
갈아서 사용한다. 아마씨를 갈아서
물에 불리면 끈적이는 질감으로
변한다. 이를 비건 달걀화라 부르며
달걀 대신 사용할 수 있다.

16_대두 레시틴

대두 레시틴은 콩에서 추출한
천연성분으로 인지질의 한 종류.
이며, 비건 버터를 만들기 위해
사용한다.

17_뉴트리셔널 이스트

치즈 또는 견과류 맛이 나는
효모이며, 치즈 대용으로 사용된
다. 분말이나 후레이크로
만들어지며 이 책에서는 미국
KAL사의 '뉴트리셔널 이스트
플레이크'를 사용한다.

Contents

PART I_비건 베이킹 가이드

Chapter 01
빵의 트렌드와 비건

Chapter 02
제과 재료 및 공정

Chapter 03
비건 베이킹

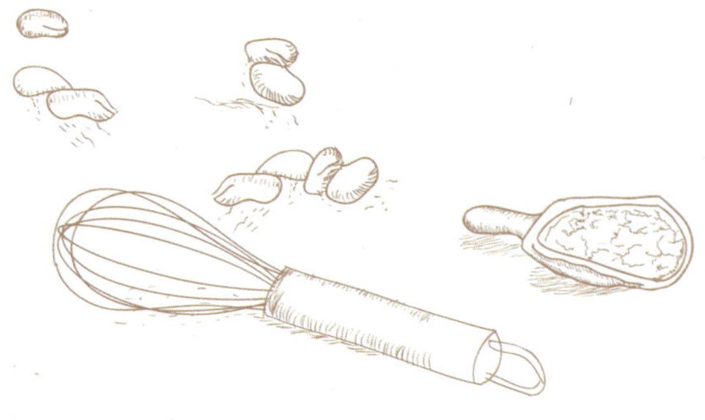

PART II_비건 베이킹 트레이닝

PART I [비건 베이킹 가이드]

빵의 트렌드와 비건

❶빵 소비 트렌드의 변화

우리나라의 인구 고령화와 저출산으로 인한 사회적 변화는 식문화 전반에 걸쳐 많은 영향을 미치고 있다. 특히, 이러한 변화는 빵 소비 패턴에서 두드러지게 나타나고 있다. 인구 구조가 변화함에 따라 건강을 고려한 식품에 대한 관심이 높아지고 있으며, 이는 곧 빵 시장에서도 저당, 저탄수화물, 고단백, 글루텐 프리, 천연발효, 비건 옵션과 같은 건강 지향적 제품의 수요 증가로 이어지고 있다. 고령층을 포함한 다양한 연령대에서 영양 균형을 고려한 빵을 찾는 소비자가 늘어나면서, 식이섬유와 비타민이 풍부한 제품이 주목받고 있다.

이와 함께 1인 가구와 고령 가구의 증가로 인해 소비자들은 보다 실용적이고 경제적인 소비 패턴을 보이고 있다. 기존의 대용량 포장보다는 신선도를 유지할 수 있으며 낭비를 최소화할 수 있는 소포장 및 개별 포장 제품이 인기를 끌고 있다. 이는 현대인의 라이프스타일 변화와 맞물려 더욱 두드러지고 있으며, 개인 맞춤형 소비 트렌드와도 연결되고 있다.

도시화가 빠르게 진행되면서 대도시로의 인구 집중 현상이 심화되고 있으며, 그 결과 1인 가구 증가와 함께 식문화에서도 간편성을 강조하는 경향이 나타나고 있다. 바쁜 일상 속에서 소비자들은 조리가 필요 없는 간편한 한 끼 대용 제품을 선호하게 되었으며, 이에 따라 샌드위치, 랩, 미니 피자와 같은 간편식 빵의 소비가 증가하고 있다. 아울러, 소비자들은 시간과 공간의 제약을 최소화하기 위해 테이크아웃 및 배달 서비스를 적극적으로 활용하고 있으며, 이에 발맞추어 신선한 빵을 소비자에게 직접 제공하는 서비스가 확대되고 있다.

한편, 환경 문제에 대한 인식이 높아지면서 지속 가능성을 고려한 소비 패턴도 확산되고 있다. 기후 변화와 자원 보호에 대한 관심이 증가하면서, 유기농 밀가루와 천연 재료를 사용한 친환경 빵이 주목받고 있다. 특히, 젊은 세대를 중심으로 환경을 고려한 소비가 활성화되고 있으며, 제로 웨이스트(Zero Waste) 개념이 확산됨에 따라 포장재를 최소화하거나 리필 가능한 형태의 제품이 등장하고 있다. 소비자들은 플라스틱 사용을 줄이고, 지속 가능한 방식으로 생산된 빵을 선택하는 경향을 보이며, 기업 또한 이에 맞추어 친환경 패키징과 윤리적 생산 방식을 도입하는 움직임을 보이고 있다.

소비자 개개인의 취향을 반영한 맞춤형 제품 또한 점점 더 증가하고 있다. 개인의 영양 요구와 기호를 고려한 빵을 제공하는 서비스가 확대되고 있으며, 온라인 플랫폼을 활용하여 소비자가 직접 원하는 재료와 스타일을 선택할 수 있는 맞춤 제작 시스템이 자리 잡아 가고 있다. 이는 소비자의 개별화된 니즈를 충족시키는 동시에 브랜드 충성도를 높이는 효과가 있다.

이와 더불어, 최신 트렌드와는 별개로 전통적인 빵과 레트로 스타일의 빵도 꾸준한 인기를 얻고 있다. 과거의 향수를 자극하는 단팥빵, 소보로빵과 같은 제품은 세대를 초월하여 사랑받고 있으며, 전통적인 제조 방식을 현대적으로 재해석한 제품들이 소비자들에게 긍정적인 반응을 얻고 있다. 이러한 흐름은 소비자들이 단순히 새로운 것만을 추구하는 것이 아니라, 익숙하고 안정적인 맛과 품질을 중요하게 여긴다는 점을 보여준다.

이러한 흐름을 종합해보면, 우리나라의 빵 소비 방식은 앞으로 건강을 고려한 제품, 간편한 식사 대용 제품, 지속 가능성을 중시하는 친환경 제품, 그리고 개인 맞춤형 제품으로 더욱 다양화될 것으로 예상된다. 소비자들은 점점 더 자신의 건강과 라이프스타일에 맞춘 선택을 하게 될 것이며, 기업들은 이러한 변화에 적응하기 위해 제품의 품질과 차별성을 강화할 필요가 있다. 또한, 전통적인 빵의 가치가 재조명되는 가운데, 현대적 감각을 가미한 제품이 새로운 시장을 형성할 가능성이 크다. 결국, 우리나라의 빵 시장은 변화하는 사회 구조와 소비자 트렌드에 따라 진화하며, 앞으로도 더욱 세분화되고 다채로운 형태로 발전해 나갈 것이다.

❷ 채식주의

채식주의는 인간이 동물성 음식을 피하고 주로 식물성 음식만을 섭취하는 식생활 방식이다. 국제 채식인연맹(International Vegetarian Union)은 채식을 "육지에 사는 동물뿐만 아니라 바다와 강에 사는 어류도 먹지 않으며, 우유와 달걀의 섭취 여부는 개인의 선택에 따라 달라질 수 있다"고 정의한다. 이러한 채식주의는 단순한 식습관을 넘어 윤리적, 환경적, 건강적 가치관을 반영하는 생활 방식으로 자리 잡고 있다.

채식주의의 기원은 매우 오래되었다. 고대 인도에서는 힌두교, 자이나교, 불교의 영향을 받아 채식 문화가 발달하였으며, 고대 그리스에서는 철학자 피타고라스가 동물의 영혼을 존중하는 의미에서 채식을 실천한 것으로 알려져 있다. 중세와 근대에 접어들면서 동아시아에서는 불교의 가르침에 따라 사찰음식이 발전하였고, 서구에서는 르네상스와 산업혁명 이후 건강과 윤리적 가치를 고려한 채식주의가 등장하였다. 20세기 중반 이후 동물권 보호와 환경 보호 운동이 확산되면서 채식주의는 더욱 보편화되었으며, 오늘날에는 건강 관리, 환경 보호, 동물권 존중 등의 이유로 채식을 선택하는 사람들이 증가하고 있다.

채식 문화는 지역과 국가에 따라 다양한 형태로 나타난다. 인도에서는 전체 인구의 약 20~30%가 락토 베지테리언이며, 이는 전 세계 채식주의자의 약 70%를 차지할 정도로 높은 비율이다. 힌두교, 자이나교, 불교의 영향을 받은 인도에서는 채식이 일반적이며, 특히 소를 신성하게 여겨 소고기를 먹지 않는 경우가 많다. 서구 사회에서는 건강과 윤리적 이유로 채식을 실천하는 경우가 많으며, 비건(Vegan), 락토오보 베지테리언(Lacto-Ovo Vegetarian), 플렉시테리언(Flexitarian) 등 다양한 형태의 채식 방식이 존재한다. 최근에는 채식 기반의 대체 식품 개발이 활발하게 이루어지고 있으며, 비건 레스토랑과 비건 인증 제품도 증가하는 추세이다. 한국에서는 불교

의 영향을 받은 사찰음식 전통이 오래전부터 존재했으며, 현대에는 건강과 환경 보호를 고려한 채식 인구가 점점 늘어나고 있다. 2002년 방영된 다큐멘터리 「잘 먹고 잘 사는 법」이 채식에 대한 관심을 높이는 계기가 되었으며, 이후 사찰음식이 건강식으로 재조명되면서 채식 문화가 더욱 확산되었다. 또한, 2010년대 이후 비건 레스토랑과 비건 인증 제도가 도입되면서 채식 인프라가 빠르게 성장하고 있다.

사람들이 채식을 선택하는 이유는 다양하다. 첫째, 건강 증진을 위한 선택이다. 육류 중심의 식단은 고혈압, 당뇨, 심장병 등의 질병을 유발할 가능성이 높은 반면, 채식 중심의 식단은 성인병 예방과 면역력 향상에 긍정적인 영향을 미칠 수 있다. 채소, 과일, 통곡물, 견과류를 충분히 섭취하면 필수 영양소를 효과적으로 공급받을 수 있다. 둘째, 동물권 보호를 실천하기 위해 채식을 선택하는 사람들도 많다. 공장식 축산업에서는 동물들이 비좁고 비위생적인 환경에서 사육되며, 불필요한 고통을 겪는다. 동물도 감정을 지닌 생명체로서 자유롭고 행복하게 살 권리가 있으며, 인간의 식습관을 위해 동물에게 고통을 강요하는 것은 윤리적인 문제가 될 수 있다. 셋째, 환경 보호를 이유로 채식을 실천하는 경우도 증가하고 있다. 육류 생산을 위해 열대우림이 벌목되면서 생태계가 파괴되고 있으며, 가축 사육 과정에서 발생하는 온실가스는 기후 변화를 가속화하는 주요 요인 중 하나이다. 육류 생산에는 많은 자원이 필요하지만, 채식은 비교적 적은 자원으로도 유지될 수 있다.

채식주의는 단순한 식생활의 변화가 아니라 개인의 가치관과 철학을 반영하는 생활 방식이다. 건강 증진, 동물권 보호, 환경 보호 등의 이유로 채식을 실천하는 사람들이 점점 증가하고 있으며, 글로벌 식품 산업에서도 채식 식단을 고려한 제품 개발이 활발하게 이루어지고 있다. 특히, 식물성 대체육과 비건 제품 시장이 성장하면서 채식을 실천하기 더욱 쉬워지고 있으며, 최근에는 비건 패션, 비건 화장품 등 채식주의 문화가 식생활을 넘어 다양한 영역으로 확산되고 있다.

기업들도 ESG(환경·사회·지배구조) 경영의 일환으로 채식 식품을 확대하는 추세이다. 이러한 흐름

을 감안할 때, 앞으로 채식주의는 더욱 확산될 가능성이 높다. 이는 개인뿐만 아니라 사회 전체의 지속 가능한 발전에도 긍정적인 영향을 미칠 것이다. 채식은 단순한 트렌드가 아니라 인류와 지구의 미래를 위한 중요한 선택이며, 각자의 실천이 더 나은 세상을 만드는 데 기여할 수 있다.

❸ 채식주의 유형과 특징

채식주의는 개인의 신념, 건강, 환경적 또는 윤리적 이유 등 다양한 동기에 의해 선택되며, 섭취하는 음식의 범위에 따라 여러 유형으로 나뉜다. 각 유형은 특정한 철학적 배경과 식단의 차이를 가지며, 채식을 실천하는 방식도 다양하다.

가장 제한적인 채식주의 형태로 "프루테리언(Fruitarian)"이 있다. 이들은 식물의 열매, 씨앗, 견과류, 곡물만을 섭취하며, 뿌리, 줄기, 잎을 먹지 않는다. 이는 식물의 생명력을 해치지 않으려는 철학적 신념에서 비롯된 것으로, 감자나 당근과 같은 뿌리채소를 제외하고 사과, 딸기, 아몬드와 같은 과일과 씨앗류를 주로 섭취한다. 그러나 이러한 식단은 필수 영양소가 결핍될 위험이 있어 철저한 영양 관리가 필요하다.

"비건(Vegan)"은 가장 엄격한 형태의 채식주의로, 육류와 생선은 물론 우유, 치즈, 버터 등의 유제품, 달걀, 꿀도 섭취하지 않는다. 식단뿐만 아니라 생활 전반에서도 동물성 제품을 배제하며, 가죽, 울, 실크 등의 사용도 지양한다. 주된 식단은 과일, 채소, 곡물, 콩류, 견과류, 씨앗 등으로 구성되며, 철분, 비타민 B_{12}, 단백질 등의 영양소를 충분히 섭취하기 위한 주의가 필요하다.

한편, "락토 베지테리언(Lacto-Vegetarian)"은 육류, 생선, 해산물, 달걀은 섭취하지 않지만 우유와 유제품은 허용하는 형태이다. 치즈, 요거트, 버터 등을 포함한 식단을 유지하며, 이를 통해 단백질과 칼슘 같은 중요한 영양소를 보충할 수 있다. 인도 문화에서 흔히 볼 수 있으며, 윤리적 또는 종교적 신념에 의해 선택되는 경우가 많다.

이와 달리 "오보 베지테리언(Ovo-Vegetarian)"은 우유와 유제품을 섭취하지 않지만 달걀은 허용하는 채식주의 유형이다. 육류, 생선, 해산물뿐만 아니라 우유 및 유제품도 배제하며, 달걀을 주요 단백질 공급원으로 삼는다. 과일, 채소, 곡물, 콩류 중심의 식단을 유지하며, 필수 아미노산을 포함한 영양 균형을 맞추기 위해 신경 써야 한다.

보다 일반적인 형태의 채식주의로 "락토 오보 베지테리언(Lacto-Ovo-Vegetarian)"이 있다. 이들은 육류와 생선을 섭취하지 않지만 우유, 유제품, 달걀을 허용한다. 치즈, 요거트, 달걀 등을 통해 다양한 영양소를 섭취할 수 있으며, 과일, 채소, 곡물, 콩류도 균형 있게 포함하여 건강한 식단을 유지한다. 상대적으로 실천하기 용이해 채식주의를 처음 시작하는 사람들이 흔히 선택하는 유형이다.

상대적으로 유연한 형태로 "페스코 베지테리언(Pesco-Vegetarian)"이 있다. 이들은 육류를 섭취하지 않지만 생선과 해산물은 허용하며, 유제품과 달걀도 섭취할 수 있다. 오메가-3 지방산과 같은 중요한 영양소를 보충할 수 있어 건강을 고려하는 사람들이 많이 선택한다.

또한, "폴로 베지테리언(Pollo-Vegetarian)"은 육류 중 닭고기만을 허용하는 준 채식주의 형태이다. 붉은 고기(소고기, 돼지고기 등)는 섭취하지 않으며, 생선도 배제하지만 닭고기는 허용된다. 상대적으로 유연한 식단을 유지하면서도 동물성 식품의 섭취를 줄이려는 사람들이 선호한다.

마지막으로, 채식을 기본으로 하되 필요에 따라 육류를 섭취하는 "플렉시테리언(Flexitarian)"이 있다. 이들은 주로 채소, 과일, 곡물 위주의 식사를 하지만, 특별한 상황이나 개인적 필요에 따라 육류나 생선을 먹을 수 있는 탄력적인 식단을 따른다. 건강과 환경 보호를 고려하면서도 완전한 채식을 실천하기 어려운 사람들에게 적합한 유형이다.

이처럼 채식주의는 개인의 건강 상태, 윤리적 가치관, 환경적 요인에 따라 다양한 형태로 실천된다. 각각의 유형에 따라 섭취할 수 있는 음식이 다르며, 필수 영양소의 균형을 맞추는 것이 중요하다. 채식을 실천하는 과정에서 신체의 건강을 유지하기 위해 영양학적 고려가 필요하며, 필요할 경우 전문가의 조언을 받는 것이 바람직하다.

❹ 비건주의

비건주의는 동물성 제품의 소비를 배제하여 동물 착취와 학대를 최소화하려는 생활 방식으로, 1944년 영국에서 도널드와 도로시 왓슨 부부가 '비건 소사이어티(The Vegan Society)'를 설립하며 시작되었다. 이들은 기존 채식주의에서 유제품과 달걀까지 포함한 모든 동물성 식품을 배제하는 것이 필요하다고 보았으며, 이를 실천하는 생활 방식을 '비건(Vegan)'이라고 명명하였다. 이러한 비건주의의 철학적 뿌리는 고대 인도의 '아힘사(Ahimsa)' 개념에서 찾을 수 있으며, 이는 자이나교, 힌두교, 불교 등에서 공통적으로 강조되는 비폭력 사상으로, 모든 생명체에 해를 끼치지 않으려는 윤리를 바탕으로 한다. 자이나교의 지도자들은 동물성 식품을 철저히 배제하는 생활 방식을 강조했으며, 이는 현대 비건주의의 이념과도 연결된다.

현대 사회에서 비건주의는 환경 보호, 건강 증진, 윤리적 소비라는 가치와 맞물리며 더욱 주목받고 있다. 20세기 후반부터 비건 운동이 전 세계적으로 확산되었으며, 산업화된 축산업이 온실가스 배출, 삼림 파괴, 수질 오염 등 환경에 미치는 부정적 영향을 고려할 때, 비건 생활 방식은 지속 가능한 지구를 위한 대안으로 인식되고 있다. 또한, 동물 복지에 대한 인식이 높아지면서 단순한 개인의 식생활 선택을 넘어 사회 정의 운동의 한 형태로 자리 잡고 있으며, 비건 제품의 개발과 시장 확대가 지속되면서 실천하는 사람들의 선택지도 점점 넓어지고 있다. 오늘날 비건주의는 다양한 문화적 배경에서 새롭게 해석되며, 윤리적 소비, 건강한 식습관, 지속 가능한 환경 보호라는 가치를 바탕으로 더 나은 미래를 위한 하나의 방향성으로 자리 잡고 있다.

❺ 비건 식품

01 비건 식단으로의 변화 방법

비건 식단으로 전환하는 과정은 단순히 육류나 유제품을 제외하는 것이 아니라, 다양한 식물성 식품을 활용하여 균형 잡힌 식단을 구성하는 것이다. 비건 식단을 실천하는 방법은 개인마다 다를 수 있으며, 반드시 한 번에 모든 동물성 식품을 배제할 필요는 없다. 처음에는 육류 섭취를 줄이는 것부터 시작하고, 이후 유제품이나 달걀을 대체할 수 있는 식물성 식품을 점진적으로 도입하는 것이 현실적인 접근법이다. 예를 들어, 마요네즈를 비건 마요네즈로 교체하거나, 우유 대신 식물성 대체유를 사용하는 등의 작은 변화를 통해 자연스럽게 비건 식단에 익숙해질 수 있다. 최근에는 다양한 비건 대체 식품이 개발되어 손쉽게 구할 수 있으며, 베지버거, 비건 소시지, 비건 핫도그, 비건 햄 등의 제품을 활용하면 기존의 식습관을 크게 바꾸지 않더라도 비건 식단을 실천할 수 있다. 특히 음식의 감칠맛이 부족하다고 느껴질 수 있는데, 이는 잘 익은 토마토, 토마토 페이스트, 뉴트리셔널 이스트, 올리브, 발사믹 식초, 말린 버섯, 해조류 등과 같은 식물성 재료를 활용하여 보완할 수 있다. 우리나라에서는 콩으로 만든 비건 다시다도 감칠맛을 높이는 데 유용하다. 또한, 비건 베이킹에서 달걀의 역할을 대신할 수 있는 다양한 재료가 존재한다. 달걀은 반죽을 결합하고 공기를 포함하여 부드러운 식감을 형성하는 역할을 하지만, 이를 대체하기 위해 아마씨와 치아씨를 물과 섞어 사용하는 방법, 으깬 바나나나 아보카도를 활용하는 방법, 순두부나 버터 밀크를 이용하는 방법이 있다. 특히, 병아리콩 삶은 물인 아쿠아파바는 머랭이나 마시멜로 같은 제과류를 만들 때 유용하게 쓰이며, 녹두를 원료로 한 '저스트 에그'와 같은 상업적 대체품도 활용할 수 있다. 결국 비건 식단으로의 전환은 단순한 제한이 아니라, 새로운 맛과 요리를 탐구하는 과정이며, 다양한 식물성 재료와 조리법을 통해 영양가 높은 식사를 즐길 수 있다. 이를 통해 자연스럽고 지속 가능한 식습관을 유지하면서 점진적인 변화를 시도하는 것이 중요하다.

02 비건 영양학 – 균형 잡힌 식단을 위한 이해

영양학은 1800년대 초 단백질, 탄수화물, 지방의 발견과 함께 본격적으로 발전하기 시작하였다. 그러나 그 이전부터 인간은 경험을 통해 음식이 건강에 미치는 영향을 어느 정도 알고 있었다. 비록 영양소에 대한 과학적 이해는 부족했지만, 다양한 식품을 섭취하면서 건강과 직결된 요소들을 체험적으로 파악해왔다. 이러한 연구와 경험이 축적되면서 현대 영양학이 발전하였고, 이를 바탕으로 영양권장량이 설정되었다.

영양권장량은 영양 결핍을 예방하고 건강을 유지하기 위해 하루 동안 섭취해야 하는 영양소의 기준을 제시한 것이다. 일반적으로 건강한 사람들을 대상으로 설정되며, 전체 인구의 약 95%가 이 기준을 충족할 수 있도록 정해진다. 하지만 개인마다 식단, 생활 방식, 유전적 요인이 다르기 때문에 개별적인 영양 필요량은 달라질 수 있다. 특히, 비건과 베지테리언의 경우 일반적인 영양권장량과는 다소 차이가 있을 수 있다.

비건 식단은 동물성 식품을 배제하는 특성상 일부 영양소의 섭취량이 일반적인 식단과 다를 수 있다. 예를 들어, 식물성 단백질은 동물성 단백질보다 소화 흡수율이 낮기 때문에, 비건은 일반인보다 단백질을 조금 더 섭취해야 한다. 그러나 대두, 견과류, 콩류 등 고단백 식물성 식품을 적절히 조합하면 충분한 단백질을 확보할 수 있다. 또한, 비건은 일반적으로 비타민 C, 티아민, 리보플라빈, 니아신, 엽산 등의 영양소를 더 많이 섭취하는 경향이 있지만, 칼슘과 아연은 상대적으로 적게 섭취할 가능성이 있어 이를 보충하는 것이 중요하다.

식단의 구성에서 또 하나 고려해야 할 요소는 글루텐이다. 글루텐 프리 식단은 셀리악병 환자에게 필수적이며, 이는 인구의 약 1%에서 발생하는 자가면역 질환이다. 일부 사람들은 글루텐 불내증을 겪기도 하지만, 대부분의 비건은 특별한 이유가 없다면 글루텐을 제한할 필요가 없다. 오히려 몇몇 연구에서는 글루텐 프리 식단이 장내 유익균을 감소시키고 유해균을 증가시킬 수 있다는 결과를 보여주었기 때문에, 글루텐을 포함한 다양한 곡물을 섭취하는 것이 장 건강에 도움이 될 수 있다.

비건 식단을 유지하면서 가장 신경 써야 할 영양소 중 하나는 단백질이다. 단백질은 20가지 아미노산으로 구성되며, 그중 일부는 필수 아미노산으로 반드시 음식으로 섭취해야 한다. 동물성 단백질은 필수 아미노산을 균형 있게 포함한 '완전 단백질'로 여겨진다. 반면, 곡물과 콩류는 일부 필수 아미노산이 부족하여 '불완전 단백질'로 분류되지만, 서로 다른 식물성 단백질을 조합하여 섭취하면 필수 아미노산을 어느 정도 보완할 수 있다. 따라서 다양한 곡물과 콩류를 함께 섭취하는 것이 비건에게는 중요한 식단 구성 전략이 된다.

비건 식단을 유지하면서 주의해야 할 또 다른 요소는 뼈 건강이다. 몇몇 연구에서는 비건이 일반인보다 골밀도가 낮을 가능성이 있다고 보고되었으며, 특히 칼슘 섭취가 부족한 경우 골절 위험이 증가할 수 있다. 성인의 하루 칼슘 권장 섭취량은 남성 800mg, 여성 700mg이며, 청소년기의 경우 남성 1,000mg, 여성 900mg으로 더 높은 수준을 필요로 한다. 그러나 칼슘이 풍부한 식품을 적절히 선택하면 비건 식단에서도 충분한 칼슘을 섭취할 수 있다. 예를 들어, 브로콜리나 케일과 같은 채소는 칼슘 흡수율이 높아 효과적인 공급원이 되며, 두부 역시 칼슘을 보충하는 데 유용하다.

이와 함께, 비건이 반드시 보충해야 하는 영양소 중 하나가 비타민 B_{12}다. 비타민 B_{12}는 신진대사, 신경 건강, 적혈구 형성에 중요한 역할을 하는 필수 영양소이다. 그러나 주로 동물성 식품에 함유되어 있어, 비건은 이를 음식으로 직접 섭취하기 어렵다. 따라서 반드시 비타민 B_{12}가 강화된 식품이나 보충제를 통해 섭취해야 하며, 뉴트리셔널 이스트와 같은 비건 친화적인 제품을 활용하는 것도 좋은 방법이 될 수 있다. 다만, 모든 뉴트리셔널 이스트가 비타민 B_{12}로 강화된 것은 아니므로 제품 선택 시 성분표를 확인하는 것이 중요하다.

비건 식단은 적절한 영양 균형과 보충을 통해 건강하게 유지될 수 있다. 단백질, 칼슘, 비타민 B_{12} 등의 섭취에 유의하면서 다양한 식물성 식품을 균형 있게 섭취하면, 건강한 비건 라이프스타일을 유지하는 것이 충분히 가능하다. 결국, 비건 식단은 영양학적 지식을 바탕으로 신중하게 계획하고 실천할 때, 건강한 삶을 지속하는 데 전혀 문제가 없으며, 오히려 환경적·윤리적 이점을 함께 고려할 수 있는 지속 가능한 식생활 방식이 될 수 있다.

03 비건 식품

비건 식품이란 제조, 가공, 조리 등의 모든 과정에서 동물성 원재료를 사용하지 않고, 동물실험을 거치지 않은 식품을 의미한다. 동물성 원재료는 동물 자체뿐만 아니라 동물로부터 자연적으로 유래하거나 이를 가공한 원재료를 포함하며, 육류, 어패류, 알류, 우유, 유당, 꿀, 프로폴리스, 밀랍, 제비집 등이 이에 해당한다. 따라서 비건 식품의 원재료 기준은 동물성 원재료를 첨가하거나 사용할 수 없으며, 원재료 명칭만으로 동물성 여부를 확인할 수 없는 경우에는 근거자료를 확보해야 한다. 미생물(박테리아, 효모, 균류 등)은 원재료로 사용할 수 있지만, 동물성이 포함된 배지를 사용하여 배양한 경우에는 해당 사실을 표시해야 한다. 또한, 원재료의 안전성 평가를 포함한 법적 요구사항을 제외하고는 최종 제품 개발 과정에서 동물실험을 해서는 안 된다. 비건 식품의 제조 및 관리 과정에서도 동물성 원재료가 혼입되지 않도록 철저한 예방 조치가 필수적이며, 이를 위해 작업자, 기구, 제조·조리 라인, 원재료 보관 등의 관리기준을 수립해야 한다. 비건이 아닌 제품과 같은 제조라인을 사용하는 경우에는 철저한 세척 및 표준작업 절차를 준수하여 교차 오염을 방지해야 하며, 가능하면 제조라인을 분리하거나 비건 제품과 비건이 아닌 제품의 원료를 명확히 구분하여 관리해야 한다. 또한, 동물성 기름을 사용하거나 동물성 또는 동물 유래 물질을 이용한 정제 및 여과 공정을 거쳐서는 안 된다. 이러한 기준을 충족한 경우에 한해 제품에 '비건' 또는 'VEGAN'이라는 표시와 광고가 가능하며, 적절한 예방 조치를 거친 경우에는 동물성 원재료의 비의도적 혼입 가능성이 있더라도 비건 표시가 허용된다. 또한, 국내·외 비건 인증기관으로부터 인증을 받은 경우, 해당 인증마크(로고)를 그대로 사용할 수 있다.

04 비건 인증기관

1_ 국내 주요 비건 인증기관

	· 한국비건인증원 · Korea agency of Vegan Certification and Services · https://vegan-korea.com
	· 비건표준인증원 · Vegan Standard Certification Institution · https://www.koreavegan.co.kr

2_ 해외 주요 비건 인증기관

비건 소사이어티 (The Vegan Society)	· 영국 · https://www.vegansociety.com
브이라벨 (V Label Italia srl)	· 이탈리아 · https://www.vlabel.org
비건액션 (Vegan Action)	· 미국 · https://vegan.org
이브비건 (Eve Vegan)	· 프랑스 · https://www.eve-vegan.org
미국채식협회 (American Vegetarian Association)	· 미국 · https://americanveg.org
BeVeg (BeVeg International)	· 미국 · https://www.beveg.com

Chapter 02

제과 재료 및 공정

❶ 제과 재료의 성분 및 기능

제과 제품을 만들 때 사용되는 밀가루, 유지, 감미제, 소금 등과 같은 재료는 제품의 품질에 결정적인 영향을 끼칠 수 있다. 따라서 제품의 맛과 특성을 향상시키기 위해 재료의 성분 및 기능을 알고 적절한 재료를 선택하는 것은 매우 중요하다.

01 밀가루

밀가루는 제과 재료 중 가장 중요한 요소로, 제품의 특성을 결정하는 핵심 원료이다. 밀가루를 선택할 때는 밀의 구조와 특성, 제분 정도, 반죽의 구조력에 미치는 영향을 종합적으로 고려해야 한다. 밀은 껍질, 배아, 내배유로 구성되며, 이 중 내배유를 분말화한 것이 밀가루이다. 밀의 특성에 따라 경질과 연질, 적색과 흰색, 봄밀과 겨울밀 등으로 분류되며, 초자율에 따라 초자질 밀과 분상질 밀로 나뉜다.

밀가루는 경도, 초자율, 단백질 및 회분 함량에 따라 강력분, 중력분, 박력분으로 분류되며, 각각의 용도도 다르다. 강력분은 단백질과 회분 함량이 높아 제빵용으로 적합하며, 중력분은 다목적으로 사용된다. 박력분은 단백질과 회분 함량이 낮고 전분이 많아 케이크나 쿠키 같은 제과 제품에 적합하다. 밀가루의 주요 성분으로는 탄수화물, 단백질, 지방, 수분 및 회분이 있으며, 이 중 탄수화물이 75% 정도를 차지하며 대부분 전분으로 구성된다. 단백질은 밀가루의 품질을 결정하는 중요한 요소로, 글루텐을 형성하는 글리아딘과 글루테닌이 포함되어 제품의 구조와 부피감을 결정한다. 지방은 1~2%로 적은 양이지만 주로 밀기울이나 배아에 존재하며, 수분은 10~14% 정도를 차지한다.

제과 제품의 특성에 따라 밀가루를 적절히 선택하는 것이 중요하다. 부드러운 식감을 내기 위해 단백질과 회분 함량이 적고 전분 함량이 높은 박력분이 일반적으로 사용된다. 케이크는 단백질 함량이 7~9%인 박력분을 사용하며, 가벼운 스펀지케이크나 롤케이크에는 회분 함량이 낮은 고급 박력분이 적합하다. 쿠키는 유지 함량이 많은 쇼트쿠키에는 중력분을,

부드럽고 바삭한 쿠키에는 박력분을 사용한다. 이러한 밀가루의 특성과 용도를 이해하고 적절하게 활용하는 것이 제과 제품의 품질을 결정하는 중요한 요소가 된다.

02 감미제

감미제는 제과·제빵에서 단맛을 부여하는 주요 성분으로, 설탕, 전분당, 기타 감미제로 나뉜다. 설탕은 사탕수수나 사탕무에서 추출되며, 정제당, 분당, 갈색당, 전화당 등으로 구분된다. 정제당은 자당 함유율이 99.9% 이상인 입상형 설탕으로 제과에서 가장 많이 사용되며, 분당은 미세한 입자로 인해 흡습성이 강해 보관 시 고형화를 방지하기 위해 전분을 약 3% 첨가한다. 갈색당은 자당과 당밀이 혼합된 형태로 완전히 정제되지 않은 당이며, 전화당은 설탕을 가수분해하여 얻은 포도당과 과당의 혼합물로 감미도가 높고 착색이 빠르며, 제품의 촉촉함과 저장성을 향상시킨다. 전분당은 전분을 산이나 효소로 가수분해하여 얻으며, 포도당, 물엿, 과당 등이 이에 속한다. 포도당은 감미도가 설탕의 75% 수준이나 착색을 증가시키며, 수분 보유력이 우수하여 제품의 유연성과 탄력성을 높인다. 물엿은 점성과 보습성이 뛰어나며, 제과·제빵뿐만 아니라 잼 등의 제조에도 활용된다. 이 외에도 당밀, 올리고당, 이성화당, 아스파탐 등의 감미제가 사용된다. 당밀은 설탕을 추출하고 남은 부산물로 럼주의 원료가 되며, 올리고당은 감미도가 낮지만 난소화성과 식이섬유 등의 기능성이 있다. 이성화당은 과당과 포도당이 혼합된 시럽 형태로 결정화가 느려 카스텔라 등에 사용되며, 아스파탐은 칼로리가 없고 설탕의 200배 감미도를 가진 인공 감미제이다. 감미제는 단순히 단맛을 부여하는 역할뿐만 아니라, 열에 의해 캐러멜화되어 제품의 색과 향을 형성하고, 글루텐 형성을 억제하여 부드러운 조직을 만들며, 수분 보유력을 높여 제품의 노화를 지연시킨다. 또한 반죽의 흐름성과 쿠키 반죽의 퍼짐률을 조절하고, 빵 제품 절단 시 깨끗한 단면을 유지하는 데 도움을 준다.

03 유지

유지는 제과·제빵에서 반죽의 크림성과 쇼트닝성을 부여하며 제품의 조직과 특성에 중요한 역할을 한다. 유지의 종류로는 버터, 마가린, 식물성 오일 등이 있으며, 각기 다른 특성을 지닌다. 버터는 우유에서 지방을 분리한 크림을 교반하여 굳힌 것으로, 주로 우유지방(80~81%), 수분(14~17%), 소금(1~3%), 카제인, 단백질, 유당(1%) 등으로 구성된다. 풍미가 뛰어나 제과·제빵에서 널리 사용되지만 가소성의 범위가 좁고 융점이 낮다. 제조 방식과 원료에 따라 발효버터, 무염버터, 콤파운드버터로 구분된다. 마가린은 버터와 유사한 성분을 갖고 있지만 대두유, 면실유 등의 식물성 유지로 만들어진 대체품으로, 가소성, 유화성, 크림성 등 기능성이 뛰어나지만 풍미는 상대적으로 떨어진다. 오일은 실온에서 액상 상태를 유지하며, 콩이나 옥수수 등에서 추출한 100% 식물성 유지이다. 버터와 마가린을 대체할 수 있지만, 공기 혼합이 어려워 제품의 품질에 차이가 발생하며, 일반적으로 발연점이 높아 튀김유로 많이 사용된다. 제과용 유지의 주요 기능 중 크림성은 유지가 반죽에

공기를 잘 포함시켜주는 성질을 말하며, 특히 크림법을 사용하는 케이크 반죽에서 매우 중요한 역할을 한다. 이 기능 덕분에 반죽은 부드럽고 가벼운 질감을 가지게 된다. 또한, 반죽의 입자 연결을 끊어 바삭한 질감을 형성하는 쇼트닝성, 유지의 산화와 산패를 억제하여 저장성을 높이는 산화 안정성, 물을 흡수하여 보유하는 유화성, 그리고 제품의 풍미와 색상을 개선하고 슬라이스 시 윤활작용을 하는 기능 등이 있다. 이러한 유지의 특성과 기능을 고려하여 적절한 종류를 선택하는 것이 제과·제빵 제품의 품질을 결정짓는 중요한 요소가 된다.

04 달걀

달걀은 신선할수록 윤기가 없고 껍질이 거칠며, 제과에서 반죽의 구조를 형성하고 수분을 공급하는 중요한 역할을 한다. 첫째, 달걀은 구조 형성제로서 밀가루와 결합하여 제품의 기본 구조를 만들며, 슈나 스펀지케이크와 같은 제품은 열에 의해 달걀 단백질이 응고하는 성질을 이용한다. 또한, 커스터드 크림에서는 단백질의 응고 작용을 통해 점도를 높이는 농후화제 역할을 한다. 둘째, 달걀은 팽창제로서 흰자의 단백질이 기포를 형성하여 반죽을 부풀리는 역할을 하며, 머랭, 무스, 스펀지케이크와 같은 제품에서 공기를 포함시켜 가벼운 식감을 만든다. 셋째, 노른자에 함유된 레시틴은 물과 기름을 혼합하는 유화제로 작용하여 유지가 반죽에 고르게 분산되도록 돕는다. 이처럼 달걀은 제과에서 다양한 기능을 수행하며 제품의 품질과 완성도를 높이는 중요한 재료이다.

05 우유

우유는 제품의 영양가를 높이고 맛과 향을 강화하는 중요한 재료이다. 특히, 굽기 과정에서 유당이 캐러멜화되면서 자연스럽게 갈색을 형성하여 제품에 깊은 풍미를 더하며, 수분을 효과적으로 보유해 노화를 늦추고 신선도를 유지하는 역할을 한다. 이러한 특성 덕분에 우유는 다양한 베이킹과 제과 제품에서 필수적인 성분으로 활용된다.

06 물

물은 제빵에서 반죽의 되기와 온도를 조절하고, 글루텐 형성에 중요한 역할을 한다. 먼저, 물은 밀가루, 설탕, 소금 등의 재료를 용해하고 균일하게 분산시키는 용해제로 작용을 한다. 또한, 반죽의 질감을 결정하고 온도를 조절하여 적절한 반죽 상태를 유지하는 역할을 한다. 밀가루 단백질과 결합하여 글루텐을 형성함으로써 반죽의 탄성과 점성을 부여하며, 굽는 과정에서는 수증기로 변하여 반죽이 팽창하도록 돕는다. 더불어, 전분이 수분을 흡수하면서 호화되어 제품의 구조가 형성되는 과정에도 중요한 역할을 한다. 이러한 이유로 물은 제빵에서 필수적인 요소로 작용한다.

07 소금

소금은 제과·제빵에서 중요한 역할을 하는 재료로, 제품의 맛과 보존성에 영향을 미친다. 향미 보조제로서 설탕이나 달걀과 같은 다른 재료의 맛을 조화롭게 만들어 풍미를 더욱 깊게 하며, 보존제로서는 삼투압 작용을 통해 잡균의 번식을 억제하여 제품의 보존성을 높인다. 또한, 착색제로서 캐러멜화 온도를 낮추어 빵이나 과자의 껍질색이 더욱 진하고 균일하게 발색되도록 돕는다. 이러한 기능 덕분에 소금은 단순한 조미료를 넘어 제품의 품질과 완성도를 높이는 필수적인 요소로 사용된다.

08 주류와 향료, 향신료

주류와 향료, 향신료는 제과 제품의 향미를 풍부하게 하고 특성을 강화하는 중요한 요소이다. 주류는 양조주, 증류주, 혼성주로 구분되며, 제품의 특성에 따라 럼, 그랑마니에르, 쿠앵트로, 오렌지 큐라소, 키리쉬 등이 활용된다. 향료는 식욕을 자극하는 향을 부여하며, 주로 에센스나 오일 형태로 사용된다. 또한, 향신료는 재료의 특정 냄새를 완화하거나 고유의 풍미를 더하는 역할을 하며, 후추, 계피, 정향, 박하, 넛메그, 카다몬, 올스파이스, 오레

가노, 캐러웨이 등이 이에 해당한다. 이러한 성분들은 제과 제품의 맛과 향을 조화롭게 만들어 소비자에게 더욱 풍부한 미각적 경험을 제공한다.

09 팽창제

팽창제는 제품의 부피를 크게 하고 적절한 형태를 유지하도록 돕는 역할을 한다. 특히 공기 혼입에 영향을 주는 달걀이나 버터의 양이 많은 경우, 팽창제의 사용량을 줄이는 것이 필요하다. 대표적인 화학 팽창제로는 베이킹파우더와 탄산수소나트륨이 있다. 베이킹파우더는 반죽을 부풀리고 조직을 부드럽게 만드는 역할을 하며, 보통 밀가루 대비 3~6% 정도 사용된다. 이는 탄산수소나트륨에 산염과 전분이 혼합된 형태로, pH가 중성이기 때문에 제품의 산도를 크게 변화시키지 않는다. 그러나 과다하게 사용할 경우 제품의 구조가 무르고 부피가 줄어들 수 있으므로 주의해야 한다. 또한, 반죽에 첨가한 후 빠르게 굽는 것이 기포 손실을 막는 데 중요하다. 한편, 탄산수소나트륨은 베이킹소다 또는 중조라고도 불리며, 베이킹파우더의 약 1/3 정도만 사용해도 충분한 팽창 효과를 낼 수 있다. 전분 등 부형제가 없어 보관 중 덩어리가 지기 쉬우며, 가스 발생력은 베이킹파우더보다 약 3배 크다. 다만 과량 사용 시 반죽이 알칼리성을 띠고 제품의 색이 진해지며, 특유의 소다 맛이 날 수 있으므로 주의가 필요하다.

10 안정제

안정제는 화합물의 불안정한 상태를 개선하여 안정성을 유지하도록 돕는 물질로, 특히 제과 분야에서 아이싱의 끈적거림과 부서짐을 방지하는 역할을 한다. 대표적인 안정제로는 한천, 젤라틴, 펙틴이 있으며, 각각의 특성과 용도에 따라 활용된다. 한천은 우뭇가사리에서 추출한 식물성 젤라틴으로, 물에 약 1~1.5% 정도 첨가하여 사용한다. 젤라틴은 동물의 껍질이나 연골 조직에서 추출한 콜라겐을 정제한 것으로, 용액에 1% 농도로 사용되며, 고온의 물에 용해되었다가 냉각하면 굳는 성질이 있다. 한편, 펙틴은 과일과 식물 조직에서 발견되는 다당류로, 설탕 농도가 50% 이상이고 pH가 2.8~3.4인 환경에서 젤리를 형성하는 특징을 가진다. 이러한 안정제들은 각기 다른 성질을 지니며, 다양한 제과 및 식품 가공 과정에서 필수적으로 사용된다.

❷ 제과 반죽에 발생하는 물리적·화학적 작용

01 제과 반죽에 발생하는 물리적·화학적 작용 개요

제과 반죽을 만들 때 발생하는 물리적·화학적 작용은 제품의 부피와 식감을 결정하는 중요한 요소이다. 물리적 팽창 작용은 달걀, 수분, 유지 등의 성분이 관여하여 반죽의 부피를 증가시키는 과정으로, 공기 팽창, 수증기압 팽창, 유지에 의한 팽창으로 나뉜다. 공기 팽창은 공립법, 별립법, 시퐁법과 같이 반죽 과정에서 공기를 포함시킨 후 열을 가해 팽창시키는 방법으로, 스펀지케이크와 시퐁

케이크가 대표적이다. 수증기압 팽창은 반죽 속 수분이 가열되며 발생하는 수증기압에 의해 부피가 증가하는 방식으로, 슈 반죽, 쇼트 페이스트, 쿠키, 비스킷 반죽 등에 활용된다. 유지에 의한 팽창은 퍼프 페이스트리처럼 반죽에 충전용 유지를 넣고 접기와 밀어 펴기 과정을 반복하여 층을 형성한 후, 유지가 녹으며 발생하는 증기압을 이용해 부풀리는 방식이다. 한편, 화학적 팽창 작용은 베이킹파우더, 탄산수소나트륨(소다), 이스파타(암모늄계열 팽창제) 등의 화학적 팽창제를 사용하여 반죽의 부피를 형성하는 방식으로, 파운드케이크나 머핀처럼 비교적 많은 팽창제를 사용하는 제품에서 두드러지게 나타난다. 이러한 물리적·화학적 작용의 원리를 이해하고 적절히 활용하는 것은 제과 제품의 품질과 완성도를 높이는 데 필수적이다.

02 제과 제품에 발생하는 물리적·화학적 작용의 특징

제과 제품에서 발생하는 물리적·화학적 작용은 제품의 식감, 풍미, 구조 형성, 연화 작용, 그리고 향의 생성에 중요한 영향을 미친다. 먼저, 바삭한 식감은 제품이 입에서 부드럽게 녹거나 바삭하게 씹히도록 하는데, 이는 유지, 설탕, 팽창제 등의 재료가 밀가루 글루텐의 힘을 약화시키면서 형성된다. 또한, 제품의 풍미는 사용된 재료의 특성에 따라 좌우되며, 유제품, 설탕, 달걀 등이 풍미를 높이고, 소금이나 향신료는 방향 성분을 부여하여 풍미를 더욱 강화한다. 한편, 구조 형성은 제품의 형태와 조직을 결정하는데, 밀가루, 달걀, 우유 등에 포함된 단백질이 글루텐을 형성하면서 제품의 형태를 유지하며, 산성 재료는 반죽의 pH를 낮춰 단백질 응고를 촉진한다. 이와 더불어, 연화 작용은 제품의 식감을 부드럽고 유연하게 만드는 요소로 작용하며, 설탕과 유지가 단백질의 아미노산 결합을 방해하여 과도한 글루텐 형성을 억제하고, 베이킹파우더 등의 팽창제는 이를 보완하여 연화 효과를 높인다. 마지막으로, 제과 제품의 향은 굽기 과정에서 발생하는 다양한 성분 변화에 의해 형성된다. 전분은 40℃에서 팽윤되어 50~60℃에 이르면 유동성이 떨어지고, 74℃ 이상에서 단백질이 응고되면서 열변성이 일어나며, 동시에 캐러멜화 반응이 진행되어 높은 온도(160~180℃)에서 당이 분해되면서 갈색을 띠고 특유의 향을 발산한다. 또한, 비교적 낮은 온도(130~150℃)에서도 환원당과 아미노산이 결합하여 발생하는 마이야르 반응이 제품의 색과 향을 더욱 깊고 풍부하게 만든다. 이러한 물리적·화학적 작용이 조화롭게 이루어지면서 제과 제품의 최종적인 품질이 결정된다.

❸ 제과 공정

반죽 제조에 필요한 재료와 사용할 도구를 준비하고, 반죽법을 결정한다. 반죽법은 하나 또는 둘 이상의 방법을 혼합하여 사용할 수 있으며, 반죽법에 따라 제품의 특성이 달라지므로 적절한 반죽법을 이용하여 반죽을 만들고 굽는다.

01 재료 계량

제과·제빵에서 일정한 품질의 제품을 만들기 위해 재료의 부피보다는 무게에 의한 정확한 계량을 한다. 저울을 이용하여 배합표의 재료 무게를 각각 측정하는 것을 재료 계량(scaling)이라고 한다.

02 재료 준비

재료를 준비할 때는 각 성분의 특성과 반죽에 미치는 영향을 고려해야 한다. 먼저, 가루 재료는 체로 쳐서 이물질과 큰 덩어리를 제거하고, 밀가루를 포함한 모든 가루 재료가 균일하게 혼합되도록 한다. 물은 반죽의 온도에 중요한 영향을 미치므로 적절한 온도로 조절하여 사용해야 한다. 유지와 달걀은 반죽의 용도에 따라 냉장 또는 실온에서 최적의 상태로 준비하며, 견과류와 건과일은 재료의 특성에 맞게 수분 제거, 굽기, 럼주에 재우기 등 적절한 전처리를 거쳐 반죽과 제품의 품질을 높인다.

03 반죽 만들기

반죽을 만들 때는 결정된 반죽법에 따라 재료를 혼합하는 과정이 중요하다. 일반적으로 유지 사용량이 많은 배합은 반죽형으로, 달걀 사용량이 많은 배합은 거품형으로 반죽한다. 또한 설탕이나 달걀의 사용량이 많을 경우 화학팽창제의 사용량은 상대적으로 적어진다. 반죽의 적정 온도를 유지하기 위해 물이나 달걀 등의 온도를 조절해야 하며, 이는 제품의 점도와 베이킹파우더의 반응 속도를 조절하여 균일한 품질을 유지하는 데 중요한 역할을 한다. 예를 들어, 케이크 반죽의 적정 온도는 22~24℃, 쿠키는 20~24℃, 파이 반죽은 18~20℃가 적당하다. 반죽 온도가 낮으면 기공이 조밀하고 부피가 작아지며, 반대로 온도가 높으면 기공이 커지고 조직이 거칠어진다. 반죽이 완료된 후에는 비중을 측정하여 공기 혼입 정도를 파악하는데, 비중이 낮을수록 공기가 많이 포함된 것이며, 높을수록 공기가 적게 혼입된 상태를 의미한다. 반죽의 비중이 높으면 기공이 작고 조직이 조밀해지며 제품의 부피가 작아지고, 반대로 비중이 낮으면 기공이 커지고 조직이 거칠어지는 경향이 있다. 따라서 반죽형 반죽의 적정 비중은 0.80~0.85, 거품형 반죽의 적정 비중은 0.40~0.55로 조절하는 것이 바람직하다.

04 성형 및 팬닝

반죽이 완성되면 적절한 형태로 성형하거나 일정한 모양을 갖춘 틀이나 팬에 적정량을 넣어야 한다. 반죽의 특성에 따라 팬에 이형제, 팬 스프레드, 식품지 등을 사용하여 반죽이 들러붙지 않도록 주의해야 한다. 파운드케이크의 경우 팬의 70% 정도만 채우고 윗면을 고르게 펴주어야 반죽이 한쪽으로 치우치지 않는다. 컵케이크나 머핀은 팬에 유산지를 넣고 짤주머니를 이용하여 반죽을 균등하게 채우며, 빈 공간 없이 일정한 양으로 팬닝하는 것이 중요하다. 스펀지케이크는 반죽이 완성되자마자 신속하게 팬닝하여 손실을 최소화해야 하며, 윗면을 정리한 후 팬을 작업대에 살짝 내려쳐 표면의 큰 기포를 제거한다. 파이와 타르트 반죽은 일정한 두께로 한 번에 밀어펴는 것이 중요하며, 과도한 덧가루 사용이나 반복적인 밀어펴기는 조직과 식감, 색에 영향을 미쳐 품질을 저하시킬 수 있다. 쿠키는 일정한 두께와 크기로 성형하고, 팬에 적절한 간격을 두어 팬닝해야 좋은 품질을 유지할 수 있으며, 반죽을 반복적으로 사용하지 않도록 주의해야 한다.

05 굽기

팬닝이 완료된 반죽은 예열된 오븐에 넣어 제품의 특성에 맞는 온도와 시간으로 굽는다. 이 과정에서 반죽은 오븐의 복사열, 대류열, 전도열을 통해 익으며, 공기 팽창, 전분의 호화, 단백질의 변성(응고) 등의 물리적·화학적 변화가 일어나 제품의 구조가 형성된다. 또한, 캐러멜화와 같은 갈변 반응을 통해 껍질의 색과 특유의 향이 발생한다. 따라서 적절한 굽기 온도와 시간을 설정하

는 것이 중요하며, 과도한 오버 베이킹이나 언더 베이킹을 방지해야 한다. 오버 베이킹은 낮은 온도에서 장시간 굽는 방식으로, 수분 손실이 커 조직이 건조하고 노화가 빠르며, 설탕 함량이 많은 반죽이나 두께가 두꺼운 제품에 적절할 수 있다. 반면, 언더 베이킹은 높은 온도에서 단시간 굽는 방식으로, 제품에 수분이 많아 주저앉기 쉬우며 껍질색이 진해지는 경향이 있다. 그러나 설탕 함량이 적은 반죽이나 얇은 제품에는 이 방법이 적합하다. 따라서 반죽과 제품의 특성에 맞는 적절한 굽기 조건을 유지하는 것이 제품의 품질을 좌우하는 핵심 요소가 된다.

❹ 제과 제품의 영양성분 표시

01 제과 제품의 영양성분 표시

제과 제품의 영양성분 표시는 소비자에게 식품의 영양적 특성을 알리고, 일정량의 제품에 포함된 영양소의 함량을 제공하는 중요한 정보이다. 영양소는 체내에서 생리적 기능을 수행하는 성분이며, 이에 따라 케이크류, 쿠키류, 코코아 가공품류, 초콜릿류, 잼류 등 제과 관련 제품에는 필수적으로 영양성분을 표시해야 한다. 표시 대상 영양성분은 열량, 나트륨, 탄수화물, 당류, 지방, 트랜스지방, 포화지방, 콜레스테롤, 단백질의 9가지가 의무적으로 포함되며, 제조업체는 추가적으로 비타민, 칼슘 등의 기타 영양성분을 강조할 수 있다. 영양성분의 표시는 1일 영양성분 기준치 단위와 동일한 방식으로 이루어지며, 총 내용량(1포장)당, 단위 내용량당, 또는 100g당 함량으로 표시할 수 있다. 또한, 탄수화물과 단백질은 실제 측정값이 표시량의 80% 이상이어야 하며, 그 외 영양성분은 120% 미만이어야 하는 허용오차 범위를 준수해야 한다. 열량은 탄수화물과 단백질의 경우 1g당 4kcal, 지방은 1g당 9kcal를 곱한 값의 합으로 계산하며, 알코올과 유기산은 각각 1g당 7kcal, 3kcal로 계산된다. 열량의 단위는 kcal로 표시하며, 5kcal 단위로 반올림하거나 5kcal 미만은 "0"으로 표기할 수 있다. 또한, 1일 영양성분 기준치는 식품 표시에서 평균적인 하루 섭취량을 나타내며, 이를 기준으로 해당 식품에 포함된 각 영양성분의 비율을 제공하지만, 열량과 트랜스지방은 이 비율 표시에서 제외된다.

[영양성분 표시서식도안(기본형)]

영양정보	총 내용량 00g 000kcal
총 내용량당	1일 영양성분 기준치에 대한 비율
나트륨 00mg	00%
탄수화물 00g	00%
당류 00g	00%
지방 00g	00%
트랜스지방 00g	
포화지방 00g	00%
콜레스테롤 00mg	00%
단백질 00g	00%
1일 영양성분 기준치에 대한 비율(%)은 2,000kcal 기준이므로 개인의 필요 열량에 따라 다를 수 있습니다.	

총 내용량(1포장)당

영양정보	총 내용량 00g(00g×0조각) 1조각(00g)당 000kcal
1조각당	1일 영양성분 기준치에 대한 비율
나트륨 00mg	00%
탄수화물 00g	00%
당류 00g	00%
지방 00g	00%
트랜스지방 00g	
포화지방 00g	00%
콜레스테롤 00mg	00%
단백질 00g	00%
1일 영양성분 기준치에 대한 비율(%)은 2,000kcal 기준이므로 개인의 필요 열량에 따라 다를 수 있습니다.	

단위 내용량당

영양정보	총 내용량 00g 100g당 000kcal
100g당	1일 영양성분 기준치에 대한 비율
나트륨 00mg	00%
탄수화물 00g	00%
당류 00g	00%
지방 00g	00%
트랜스지방 00g	
포화지방 00g	00%
콜레스테롤 00mg	00%
단백질 00g	00%
1일 영양성분 기준치에 대한 비율(%)은 2,000kcal 기준이므로 개인의 필요 열량에 따라 다를 수 있습니다.	

100g당

02 저열량, 저당, 저지방 등 영양강조 표시

영양성분 함량 강조 표시는 제품의 제조·가공 과정을 통해 특정 영양성분의 함량을 낮추거나 제거한 경우에 사용할 수 있으며, 이에 대한 세부 기준이 정해져 있다. 열량의 경우, '저' 표시는 식품 100g당 40kcal 미만 또는 100mL당 20kcal 미만일 때 사용할 수 있으며, '무' 표시는 100mL당 4kcal 미만일 때 가능하다. 당류의 경우, '저' 표시는 식품 100g당 5g 미만 또는 100mL당 2.5g 미만, '무' 표시는 100g 또는 100mL당 0.5g 미만일 때 사용할 수 있다. 지방은 '저' 표시는 식품 100g당 3g 미만 또는 100mL당 1.5g 미만, '무' 표시는 100g 또는 100mL당 0.5g 미만의 기준을 충족해야 한다. 또한, 저당 식품은 100g당 5g 미만 또는 100mL당 2.5g 미만, 무당(무설탕) 식품은 100g 또는 100mL당 0.5g 미만의 당류를 함유한 경우에 해당하며, '설탕 무첨가' 또는 '무가당' 표시를 하려면 당류를 첨가하지 않았거나, 당류를 대체하는 원재료를 사용하지 않았으며, 당류가 포함된 원재료(잼, 젤리, 감미 과일 등)나 농축·건조 과정으로 당 함량이 높아진 원재료를 사용하지 않은 제품이어야 한다. 또한, 효소 분해 등의 과정에서 식품의 당 함량이 증가하지 않은 경우에도 무가당 표시가 가능하다.

Chapter 03

비건 베이킹

❶ 비건 베이킹의 의미

비건 베이킹은 우유, 달걀, 버터, 생크림 등 동물성 원료를 배제하고 식물성 재료를 활용하는 베이킹 방식으로, 두유, 식물성 오일, 아마씨 가루, 코코넛 크림 등을 사용하여 맛과 식감을 유지하면서도 동물성 성분을 완전히 제외한다. 이는 건강, 윤리적 가치, 환경 보호 등의 이유로 비건 식단을 따르는 사람들에게 적합한 방식이며, 지속 가능성과 윤리적 소비를 중시하는 현대 베이킹 트렌드로 자리 잡고 있다. 비건 베이킹을 실천하는 이유는 다양하다. 먼저, 유당불내증이나 특정 식품 알레르기가 있는 사람들에게 안전한 대안이 된다. 유제품을 소화하지 못하는 경우 비건 베이킹을 통해 불편함을 줄일 수 있으며, 달걀이나 우유 등 특정 성분에 알레르기가 있는 사람들에게도 유용하다. 또한, 당뇨나 아토피 같은 질환을 관리하기 위한 식이요법의 일환으로 활용될 수 있으며, 소화가 어려운 동물성 지방을 배제함으로써 건강 개선에 기여한다. 더 나아가, 건강한 식습관을 유지하고자 하는 사람들에게도 도움이 된다. 동물성 지방이나 정제된 설탕 대신 식물성 재료와 천연 감미료를 사용하여 더 건강한 베이킹을 실현할 수 있으며, 다이어트나 체중 조절을 고려하는 사람들에게도 이상적인 선택이 된다. 무엇보다 비건 베이킹은 동물권 보호와 환경 보호 측면에서 중요한 의미를 갖는다. 축산업이 초래하는 환경오염과 자원 낭비 문제를 줄이는 데 기여하며, 동물성 원료를 사용하지 않음으로써 동물 복지를 고려한 윤리적 소비를 실천할 수 있다. 결국, 비건 베이킹은 개인의 건강과 체질적 요구를 충족하는 동시에 환경과 윤리적 가치를 반영하는 지속 가능한 베이킹 방식으로 자리 잡고 있으며, 이에 대한 관심과 수요는 앞으로도 꾸준히 증가할 것으로 예상된다.

❷ 비건 베이킹 시 고려 사항

비건 베이킹을 시작하기 전, 일반 베이킹과의 차이를 이해하는 것이 중요하다. 일반 베이킹에서는 달걀, 우유, 버터 등 동물성 원료를 사용하여 반죽의 구조를 형성하고 풍미를 더하지만, 비건 베이킹에서는 이러한 재료를 식물성 대체재로 변경해야 한다. 따라서 단순히 동물성 원료를 빼는 것이 아니라, 각 재료가 가지는 역할을 이해하고 이에 맞는 대체재를 선택하는 과정이 필수적이다.

비건 베이킹을 시작할 때 숙지해야 할 사항은 다음과 같다. 먼저, 달걀은 반죽의 결합력을 유지하고 부드러운 식감을 형성하는 중요한 역할을 하므로, 아쿠아파바(병아리콩 삶은 물), 바나나, 사과퓨레, 치아씨드 또는 아마씨를 물에 불려 사용하여 대체할 수 있다. 우유는 단백질과 수분을 공급하는 역할을 하며, 두유, 아몬드 우유, 오트 밀크 등 다양한 식물성 우유를 사용하여 동일한 효과를 얻을 수 있다. 버터는 반죽의 부드러움과 풍미를 결정하는 요소로, 코코넛 오일이나 올리브 오일을 사용하면 적절한 대체가 가능하다. 또한, 감미료로 자주 사용되는 꿀은 비건 식단에서 제외되므로, 메이플 시럽이나 아가베 시럽을 활용하는 것이 좋다.

비건 베이킹에서는 반죽의 질감과 구조 조절이 일반 베이킹과 다르게 접근되어야 하며, 식물성 우유의 종류에 따라 반죽의 수분 함량을 조절해야 한다. 또한, 베이킹 소다와 식초를 함께 사용하면 부드러운 식감을 구현할 수 있다.

발효와 풍미 조절에도 신경 써야 한다. 천연 발효종(사워도우)을 활용하면 깊은 맛과 쫄깃한 식감을 얻을 수 있으며, 코코넛 슈거, 흑설탕, 대추 시럽 등을 사용하여 감칠맛과 캐러멜 풍미를 강화할 수 있다. 건강과 영양을 고려하여 정제된 설탕 대신 천연 감미료를 선택하고, 귀리, 아몬드 가루, 퀴노아 가루 등을 활용하여 식이섬유와 단백질을 보강하는 것도 바람직하다.

비건 베이킹을 할 때는 소비자의 기호와 트렌드를 반영한 제품 개발이 중요하다. 로컬 재료를 적극적으로 활용하고, 비건과 글루텐 프리를 결합한 베이킹을 연구하며, 유럽식 베이킹 기법과 한국적 재료(쑥, 흑임자, 콩가루 등)를 융합하는 시도를 할 수 있다. 또한, 윤리적·환경적 가치를 고려하여 지속 가능한 농업 방식으로 생산된 유기농 원료를 사용하고, 플라스틱을 줄이며 친환경 포장재를 활용하는 것이 바람직하다.

마지막으로, 비건 베이킹을 대중화하기 위해 교육과 정보 공유가 필수적이다. 베이킹 클래스를 운영하여 비건 베이킹의 기법과 재료 활용법을 가르치고, SNS 및 블로그를 통해 레시피와 실험 결과를 공유하며, 기존 제과·제빵 전문가들과 협력하여 비건 베이킹 기술을 발전시키는 것이 필요하다.

결국, 비건 베이킹은 단순히 동물성 원료를 배제하는 것이 아니라, 건강과 맛, 지속 가능성을 모두 고려한 창의적인 접근이 필요하며, 이를 통해 다양한 소비층을 만족시키고 새로운 베이킹 문화를 형성할 수 있다.

❸ 일반 베이킹 재료를 비건 베이킹 재료로 대체하기

비건 베이킹은 동물성 재료를 사용하지 않기 때문에 일반 베이킹에서 중요한 몇 가지 재료를 제외해야 한다. 그중 달걀은 반죽의 부피를 늘리고 결합력을 강화하는 중요한 역할을 하지만, 비건 베이킹에서는 아쿠아파바, 바나나, 아마씨 등을 대체재로 활용하여 유사한 효과를 낸다. 또한, 우유, 버터, 크림과 같은 유제품은 부드러운 질감과 풍미를 더하지만, 이를 대신해 식물성 우유, 마가린, 코코넛 오일 등이 사용된다. 감미료의 경우, 설탕과 꿀 대신 메이플 시럽이나 아가베 시럽이 활용되며, 젤라틴과 유청 단백질과 같은 동물성 응고제나 단백질은 한천, 곤약, 펙틴, 식물성 단백질로 대체할 수 있다. 이러한 대체재들은 원래 재료가 하는 물리적·화학적 역할을 보완하며, 비건 베이킹에서도 기존 베이킹과 유사한 질감과 맛을 구현할 수 있도록 돕는다. 여기에서는 베이킹에서 이러한 주요 재료들이 수행하는 물리적·화학적 작용과 함께, 이를 대체할 수 있는 다양한 비건 재료들의 특성과 적용 방안을 살펴보고자 한다.

01 우유의 역할과 대체재 분석

우유는 베이킹에서 반죽의 농도를 조절하고 부드러운 식감과 풍미를 더하는 중요한 역할을 한다. 그러나 비건 베이킹이 확산됨에 따라 우유를 대체할 수 있는 다양한 비건 밀크가 널리 사용되고 있으며, 각 재료는 고유한 특성과 성분을 지니고 있어 레시피와 사용 목적에 따라 적절한 선택이 필요하다. 예를 들어, 두유는 단백질 함량이 높아 일반 우유와 유사한 응고 작용을 보이며, 아몬드 밀크는 가벼운 질감과 고소한 맛을 더하는 데 적합하다. 또한, 오트 밀크는 자연스러운 단맛과 부드러운 질감으로 베이킹에서 유용하며, 코코넛 밀크는 풍부한 크리미함을 제공해 특정 디저트에 활용하기 좋다. 이러한 비건 밀크의 특성을 분석하고, 각 재료의 장단점과 적용 가능한 레시피를 고려하여 적절한 대체 방안을 선택하는 것이 중요하다.

1_우유의 역할

우유는 베이킹에서 반죽의 농도를 조절하고 부드러운 식감을 형성하며, 고소한 풍미와 자연스러운 단맛을 제공하는 중요한 역할을 한다. 반죽의 수분 공급원으로 작용하여 적절한 농도를 유지하게 하며, 지방과 단백질이 결합하여 제품의 부드러운 식감을 유도한다. 또한, 우유 특유의 맛이 베이킹 제품의 풍미를 풍부하게 만드는 데 기여한다. 비건 베이킹에서는 이러한 역할을 충족할 수 있는 적절한 비건 밀크를 선택하는 것이 중요하며, 각 대체재의 성분과 특성을 충분히 이해하여 활용해야 한다.

2_ 우유 대체재의 종류 및 특성

종류	주요 특성	비건 베이킹 활용도
두유 (Soy Milk)	· 우유 대체재 중 가장 일반적으로 사용	★★★
견과류 밀크 (Nut Milk)	· 크리미한 식감이 필요한 레시피에 사용되며, 쿠키, 케이크 및 머핀 등에 적합	★★
코코넛 밀크 (Coconut Milk)	· 크림 소스나 무스 케이크 같은 농도가 필요한 디저트에 적합	★★★
오트 밀크 (Oat Milk)	· 귀리 특유의 향이 비교적 약해 두루 사용하며, 가벼운 질감의 쿠키나 케이크에 적합	★★
쌀 밀크 (Rice Milk)	· 가벼운 쿠키, 케이크, 팬케이크 등에서 두유나 오트 밀크 대신 사용	★★
햄프 밀크 (Hemp Milk)	· 단백질이 필요하거나 크리미한 질감이 필요한 머핀, 스콘, 브라우니 베이킹에 적합	★
마카다미아 밀크 (Macadamia Milk)	· 크리미한 푸딩, 크림 소스, 부드러운 케이크, 초콜릿 디저트에 적합	★
퀴노아 밀크 (Quinoa Milk)	· 빵, 케이크, 팬케이크 등 여러 제품에 적합 · 단백질이 강조되는 비건 디저트에서 활용도가 높음	★
타이거넛 밀크 (Tigernut Milk)	· 크리미하고 달콤한 맛이 특징으로, 푸딩, 아이스크림, 케이크와 같은 달콤한 디저트에 적합	★
호박씨 밀크 (Pumpkin Seed Milk)	· 고소한 맛을 더할 수 있는 쿠키, 머핀, 브라우니 같은 구움 과자에 적합	★
피스타치오 밀크 (Pistachio Milk)	· 크림 디저트, 아이스크림, 케이크 등의 고급 디저트에 적합	★

[1] 두유(Soy Milk)

두유는 대두에서 추출한 식물성 음료로, 우유 대체재 중 가장 널리 사용된다. 대두에 함유된 레시틴은 유화작용을 도와 유지와 잘 섞이게 하며, 이러한 특성 덕분에 베이킹에서 안정적인 반죽 형성이 가능하다. 특히, 대두 고형분 함량이 높은 두유는 더욱 균일한 반죽을 만들 수 있으며, 무가당 제품이나 첨가물이 없는 제품을 선택하는 것이 적절하다. 두유는 빵, 케이크, 머핀 등 다양한 베이킹 레시피에 활용할 수 있으며, 부드럽고 균일한 식감을 제공하는 데 효과적이다.

[2] 견과류 밀크(Nut Milk)

견과류 밀크는 아몬드 밀크, 캐슈넛 밀크 등 다양한 견과류를 원료로 한 식물성 음료로, 원재료의 고유한 향과 맛이 살아 있어 베이킹에 독특한 풍미를 더할 수 있다. 지방과 고형분 함량이 상대적으로 낮아 가벼운 질감의 베이킹에 적합하며, 특히 크리미한 식감이 필요한 레시피에 효과적으로 활용된다. 쿠키, 케이크, 머핀 등에 잘 어울리며, 과일이나 허브와 조화롭게 어우러지는 특징이 있어 풍미를 살리는 데 유용하다.

[3] 코코넛 밀크(Coconut Milk)

코코넛 밀크는 코코넛 과육에서 추출한 식물성 음료로, 특유의 코코넛 향과 함께 우유보다 높은 5~7%의 지방 함량을 지녀 더욱 농후한 맛을 제공한다. 이러한 높은 지방 함량 덕분에 베이킹 시 부드럽고 크리미한 식감을 형성하는 데 효과적이며, 특히 열대 과일, 당근, 초콜릿 등과 조화롭게 어우러진다. 또한, 크림 소스나 무스 케이크처럼 농도가 필요한 디저트에 적합하여 풍부한 질감을 더하는 데 유용하게 활용된다.

[4] 오트 밀크(Oat Milk)

오트 밀크는 귀리를 물에 불려 만든 식물성 음료로, 고소한 맛과 부드러운 질감을 제공하며 비교적 향이 약해 다양한 베이킹 레시피에 활용하기 좋다. 저지방이면서도 섬유질이 풍부해 건강한 선택지로 여겨지며, 특히 가벼운 질감의 쿠키나 케이크에 잘 어울린다. 또한, 부드럽고 고소한 풍미를 더하는 역할을 하면서도 두유나 코코넛 밀크보다 농도가 가벼워, 보다 산뜻한 질감을 원하는 레시피에 적합하다.

[5] 쌀 밀크(Rice Milk)

쌀 밀크는 쌀을 원료로 한 식물성 음료로, 부드럽고 중립적인 맛을 지녀 다양한 요리와 베이킹에 두루 활용할 수 있다. 소화가 용이하며 알레르기 위험이 적어 민감한 체질을 가진 사람들에게도 적합하다. 지방 함량이 낮고 탄수화물이 주 성분이며, 단백질과 미네랄 함량이 상대적으로 적어 단백질 보충이 필요한 레시피보다는 단순한 액체 대체재로 활용하는 것이 적절하다. 가벼운 쿠키, 케이크, 팬케이크 등에 두유나 오트 밀크 대신 사용할 수 있으며, 단맛이 가미된 쌀 밀크는 디저트에서 자연스러운 단맛을 더하는 역할을 한다.

[6] 햄프 밀크(Hemp Milk)

햄프 밀크는 햄프 씨앗에서 추출한 식물성 음료로, 견과류와 씨앗류 특유의 고소한 향과 부드러운 질감을 지니고 있다. 비타민, 미네랄, 오메가-3 지방산이

풍부해 영양가가 높으며, 단백질과 건강한 지방 함량이 많아 균형 잡힌 영양 공급에 유리하다. 특히 무가당 제품은 담백한 맛이 특징으로, 크리미한 질감이 필요한 베이킹에 적합하다. 머핀, 스콘, 브라우니와 같은 고소한 맛과 단백질 보충이 필요한 레시피에 활용하기 좋으며, 초콜릿과도 잘 어우러져 다양한 디저트에 응용할 수 있다.

[7] 마카다미아 밀크(Macadamia Milk)

마카다미아 밀크는 마카다미아 넛에서 추출한 식물성 음료로, 크리미하고 고소한 맛이 특징이며 고급스러운 풍미를 더하는 데 효과적이다. 지방 함량이 높아 부드럽고 진한 질감을 제공하며, 칼슘과 비타민 D가 풍부해 영양적으로도 유익하다. 특히 푸딩, 크림 소스, 부드러운 케이크, 초콜릿 디저트와 잘 어울리며, 깊은 맛과 크리미한 질감을 원하는 베이킹 레시피에 적합하다. 또한, 코코넛 밀크와 함께 사용할 경우 더욱 풍부한 질감을 형성할 수 있어 다양한 응용이 가능하다.

[8] 퀴노아 밀크(Quinoa Milk)

퀴노아 밀크는 고대 곡물인 퀴노아에서 추출한 식물성 음료로, 단백질 함량이 높고 영양가가 뛰어난 것이 특징이다. 은은한 고소함과 곡물 특유의 향을 지니며, 가벼운 질감을 가지고 있어 다양한 베이킹 레시피에 적용하기 좋다. 단백질이 풍부하고 필수 아미노산이 고루 함유되어 있어 영양 밸런스가 뛰어나며, 글루텐 프리로 알레르기 걱정 없이 사용할 수 있다. 베이킹에서는 빵, 케이크, 팬케이크 등에 부드럽고 고소한 맛을 더하는 역할을 하며, 특히 단백질이 강조되는 비건 디저트에서 건강한 대체재로 인기가 높다.

[9] 타이거넛 밀크(Tigernut Milk)

타이거넛 밀크는 견과류가 아닌 식물의 뿌리에서 얻어지는 원료로 만들어지며, 자연스러운 단맛과 고소한 풍미를 지닌 우유 대체재이다. 비타민 E, 섬유질, 항산화 성분뿐만 아니라 건강한 지방과 미네랄도 다량 함유하고 있어 영양적으로도 뛰어나다. 특히 자연스러운 단맛이 있어 별도의 설탕 없이도 풍미를 살릴 수 있으며, 크리미하고 달콤한 맛 덕분에 푸딩, 아이스크림, 케이크 등 다양한 디저트에 적합하다. 또한, 천연 당이 포함되어 있어 설탕 사용량을 줄이는 데에도 효과적이다.

[10] 호박씨 밀크(Pumpkin Seed Milk)

호박씨 밀크는 단백질과 미네랄이 풍부한 식물성 음료로, 녹색빛을 띠며 호박씨 특유의 고소한 풍미를 그대로 담고 있다. 단백질뿐만 아니라 철분, 아연 등의 미네랄과 오메가-3 지방산을 함유하고 있어 건강한 대체재로 활용되며, 특히 비건 단백질 공급원으로 주목받고 있다. 고소한 맛을 살릴 수 있어 쿠키, 머핀, 브라우니 같은 구움 과자에 적합하며, 영양소 보충이 필요한 베이킹 레시피에서 효과적으로 사용할 수 있다.

[11] 피스타치오 밀크(Pistachio Milk)

피스타치오 밀크는 독특한 견과류의 향과 색감을 지닌 식물성 음료로, 피스타치오 특유의 달콤하면서도 고소한 맛을 그대로 담아 베이킹에서 고급스러운 풍미를 더하는 데 효과적이다. 지방과 단백질 함량이 적당히 높으며, 비타민 B_6와 항산화 성분이 풍부해 영양적으로도 유익하다. 특히 우유보다 칼로리가 낮아 다이어트 중인 사람들에게도 좋은 선택이 될 수 있다. 크림 디저트, 아이스크림, 케이크 등의 고급 디저트에 활용하면 피스타치오의 깊은 맛을 살릴 수 있으며, 초콜릿이나 과일류와도 조화롭게 어우러진다.

우유 대체재는 각 재료와 레시피에 따라 서로 다른 특성과 역할을 가지므로, 이를 잘 이해하고 활용하는 것이 중요하다. 두유는 대부분의 베이킹에 무난하게 사용할 수 있는 재료로 추천되며, 견과류 밀크는 독특한 풍미를 더하는 데 효과적이다. 크리미한 식감이 필요한 레시피에는 코코넛 밀크가, 가벼운 질감을 원하는 경우에는 오트 밀크가 적합하다. 이러한 비건 밀크의 특성을 파악하고 적

절히 활용하면 비건 베이킹의 완성도를 높일 수 있으며, 건강을 고려한 제품을 더욱 풍성하게 만들 수 있다.

02 달걀의 역할과 대체재 분석

베이킹에서 달걀은 다양한 기능적 특성으로 인해 중요한 역할을 한다. 특히 케이크, 머핀, 쿠키와 같은 제과 제품에서 달걀은 구조 형성, 수분 유지, 유화 작용, 색감과 풍미 향상 등에 기여한다. 달걀의 단백질은 가열되면서 응고하여 제품의 조직을 탄탄하게 만들고, 거품 형성 능력은 반죽을 부풀게 하여 부드러운 식감을 제공한다. 또한, 지방과 수분을 균일하게 섞어주는 유화 작용을 하며, 노른자는 색을 더하고 풍미를 깊게 만든다. 하지만 채식주의자나 알레르기 등으로 인해 달걀을 사용할 수 없는 경우, 이를 대체할 수 있는 다양한 재료가 활용된다. 대표적으로 아쿠아파바(병아리콩 삶은 물), 바나나, 사과 소스, 치아씨드 젤, 두유 요거트 등이 있으며, 이들은 각각 거품 형성, 점성 제공, 수분 보충 등의 기능을 대체할 수 있다. 따라서 제과에서 달걀을 효과적으로 대체하려면 제품의 특성과 원하는 기능을 고려하여 적절한 대체재를 선택하는 것이 중요하다.

1_ 구조 형성 기능과 대체 방안

[1] 구조 형성 기능

달걀은 단백질로 구성되어 있어 열을 받으면 응고하면서 고체 성질을 띠게 된다. 이러한 특성은 케이크, 머핀, 쿠키와 같은 베이킹 제품에서 구조를 형성하고 부피감을 제공하는 데 중요한 역할을 한다. 특히 달걀이 가열되면서 단백질이 서로 결합하여 반죽을 지지하는 구조를 만들고, 이 과정에서 제품의 형태가 안정적으로 유지된다. 또한, 반죽의 부풀림을 돕고 조직을 균일하게 형성하여 식감과 외형을 더욱 완성도 있게 만들어준다.

[2] 대체 방안

달걀을 대체할 수 있는 다양한 재료들은 베이킹 제품의 구조 형성 기능을 보완하며, 각각의 특성에 따라 적절히 활용할 수 있다. 두부는 농도를 더하고 부드러운 식감을 제공하며, 물기를 제거한 후 으깨서 반죽에 넣으면 케이크나 머핀의 구조를 안정화하는 데 도움이 된다. 전분은 물과 1:3 비율로 섞으면 달걀과 비슷한 점성을 만들어 구조 형성 기능을 대체할 수 있으며, 칡, 감자, 타피오카 전분 등이 대표적으로 사용된다. 치아씨드를 물에 불려 만든 치아씨드 젤은 점성이 강해 달걀의 응고 역할을 대신할 수 있으며, 촉촉한 질감을 유지하면서도 단단한 구조를 형성하는 데 효과적이다. 또한, 콩 단백질 분말은 열을 가하면 응고하는 특성이 있어 반죽의 형태를 안정적으로 유지시키는 데 유용하며, 특히 글루텐 프리 베이킹에서 그 역할이 더욱 중요하다. 이러한 대체재들은 베이킹 제품의 특성과 원하는 식감을 고려하여 적절히 선택해야 한다.

2_ 유화 기능과 대체 방안

[1] 유화 기능

달걀 노른자에 포함된 레시틴은 천연 유화제로 작용하여 기름과 물이 잘 섞이도록 돕는다. 이로 인해 반죽의 일관성과 균질성이 유지되며, 크림, 소스, 반죽에서 수분과 기름이 분리되지 않고 부드러운 질감을 형성한다. 이러한 유화 기능은 베이킹뿐만 아니라 다양한 요리에서 안정적인 식감을 제공하는 데 중요한 역할을 한다.

[2] 대체 방안

달걀의 유화 기능을 대체할 수 있는 다양한 재료들이 있으며, 각각의 특성에 따라 적절하게 활용할 수 있다. 아쿠아파바는 병아리콩 통조림에서 추출한 물로, 달걀 흰자와 유사한 점성을 가지며 휘핑 시 유화 작용을 발휘해 머랭이나 파이 토핑을 만드는 데 사용할 수 있다. 두유에 레몬즙이나 식초와 같은 산을 첨가하면 단백질이 응고되면서 점성이 생겨 달걀의 유화 기능을 대신할 수 있다.

또한, 햄프씨드를 갈아 물에 섞으면 걸쭉한 젤 형태가 되어 기름과 물을 효과적으로 섞어주는 역할을 하며, 해바라기에서 추출한 레시틴 역시 유화제로 활용할 수 있어 크림이나 반죽에서 달걀 노른자의 기능을 대체할 수 있다. 이러한 대체재들은 베이킹의 목적과 제품의 특성에 맞춰 적절히 선택하는 것이 중요하다.

3_ 기포성(거품 형성 능력)과 대체 방안

[1] 기포성

달걀 흰자는 단백질이 풍부하여 공기를 머금는 능력이 뛰어나며, 휘핑할 경우 거품이 형성되면서 부피가 증가한다. 이러한 특성은 스펀지케이크나 머랭과 같이 가벼운 질감을 가진 제품을 만드는 데 중요한 역할을 한다. 특히 노른자가 섞이지 않은 흰자는 기포 형성 능력이 더욱 뛰어나, 더욱 풍성하고 안정적인 거품을 만들어낼 수 있다. 따라서 흰자를 활용한 거품 형성은 제과 기술의 중요한 기술 중 하나이다.

[2] 대체 방안

달걀의 기포 형성 능력을 대체할 수 있는 다양한 재료들이 있으며, 각각의 특성에 따라 적절히 활용할 수 있다. 아마씨를 물에 불려 끈적한 질감을 만들면 '비건 에그'로 사용할 수 있으며, 특히 갈아서 사용하면 일정 부분 휘핑 효과를 낼 수 있다. 녹두로 만든 액상형 대체 달걀 제품인 '저스트 에그(Just Egg)' 역시 거품 형성 기능을 일부 수행할 수 있다. 또한, 양조 이스트(영양 효모)는 베이킹 과정에서 가스를 발생시켜 기포 형성에 도움을 주며, 특히 스콘이나 빵과 같은 제품에서 부피를 증가시키는 역할을 한다. 한편, 베이킹 소다와 식초를 혼합하면 화학 반응을 통해 이산화탄소가 발생하여 기포가 형성되며, 이는 케이크 반죽에서 가벼운 질감을 만드는 데 유용하다. 이러한 대체재들은 베이킹 제품의 특성과 원하는 질감에 맞춰 적절히 선택하는 것이 중요하다.

4_ 수분 공급과 대체 방안

[1] 수분 공급

달걀은 약 75%가 수분으로 구성되어 있어 베이킹 제품에 촉촉한 질감을 부여하며, 특히 케이크나 머핀과 같은 제품에서 부드러움과 촉촉함을 유지하는 데 중요한 역할을 한다. 반죽에 적절한 수분을 공급함으로써 질감을 개선하고, 제품이 퍽퍽해지는 것을 방지하여 더욱 풍미 있고 부드러운 식감을 만들어낸다.

[2] 대체 방안

달걀의 수분 공급 기능을 대체할 수 있는 다양한 재료들이 있으며, 이를 활용하면 베이킹 제품의 촉촉한 질감을 유지할 수 있다. 으깬 바나나나 아보카도는 수분 함량이 높아 반죽에 촉촉함을 더해주며, 특히 바나나는 달콤한 맛을 추가할 수 있어 디저트에 적합하다. 버터 밀크는 수분과 함께 부드러운 질감을 제공하여 반죽의 조직을 부드럽게 만들며, 애플 소스 역시 달걀처럼 수분을 공급하

면서 케이크나 머핀의 촉촉한 식감을 유지하는 데 효과적이다. 또한, 코코넛 크림은 풍부한 수분과 크리미한 질감을 더해 달걀의 역할을 대체할 수 있으며, 트로피컬 디저트와 잘 어울려 풍미를 살리는 데 유용하다. 이러한 대체재들은 제품의 특성과 원하는 맛을 고려하여 적절히 선택하는 것이 중요하다.

5_ 기타 대체 재료와 대체 방안

[1] 기타 대체 재료

달걀의 기능을 대체할 수 있는 다양한 비건 재료들이 있으며, 각 재료의 특성을 적절히 활용하면 다양한 베이킹 레시피에 효과적으로 적용할 수 있다. 각 대체 재료는 구조 형성, 유화, 기포 형성, 수분 공급 등 달걀이 수행하는 역할에 맞추어 선택할 수 있으며, 이를 통해 식감과 품질을 유지하면서도 원하는 제과 결과물을 만들어낼 수 있다.

[2] 대체 방안

달걀의 다양한 기능을 대체할 수 있는 재료로는 콩가루, 마, 베이킹파우더, 렌틸콩 퓨레, 현미 시럽 등이 있다. 콩가루는 물과 섞어 사용하면 달걀의 점성을 일부 대체할 수 있으며, 끈적한 질감을 가진 마는 갈아서 반죽에 넣으면 점성 역할을 수행한다. 또한, 베이킹파우더는 반죽을 부풀게 하여 달걀의 기포 형성 및 부피 확대 기능을 보완할 수 있다. 렌틸콩을 삶아 퓨레로 만들면 유화 및 구조 형성 기능을 대신할 수 있으며, 크림 같은 질감을 부여해 베이킹 제품의 완성도를 높이는 데 도움을 준다. 현미 시럽은 수분 공급과 함께 일부 유화 기능도 수행하여 반죽의 일관성을 유지하는 역할을 한다. 이러한 대체재들은 제품의 특성과 원하는 기능에 맞춰 적절히 선택하는 것이 중요하다.

결론적으로, 달걀은 베이킹에서 구조 형성, 유화, 기포 형성, 수분 공급 등 다양한 역할을 수행하며, 이를 대체하기 위해 으깬 바나나, 두부, 전분, 아쿠아파바, 애플소스, 코코넛 크림, 치아씨드 젤, 해바라기 레시틴, 현미 시럽 등 다양한 재료를 활용할 수 있다. 이러한 대체 재료들은 달걀이 담당하는 특정 기능을 보완하도록 적절히 조합되어, 비건이나 달걀 알레르기가 있는 사람들도 제과의 질감을 유지하면서 만족스러운 베이킹을 즐길 수 있도록 돕는다.

03 버터의 역할과 대체재 분석

버터는 베이킹과 요리에 있어 맛과 식감을 결정하는 중요한 요소로, 고소한 풍미를 더하고 제품의 특성을 좌우한다. 차가운 상태의 버터는 바삭한 식감을 형성하며, 녹여서 사용하면 부드러운 질감을 만들어낸다. 이러한 특성으로 인해 다양한 요리와 제과에서 필수적으로 사용되지만, 비건 베이킹이나 건강을 고려한 조리에서는 버터 대신 식물성 오일이나 대체재를 활용하는 경우가 많다. 대체재로 사용되는 오일들은 버터와 유사한 역할을 하면서도 특유의 풍미와 식감을 부여할 수 있으며, 조리법에 따라 적절한 선택이 필요하다.

1_ 버터의 역할

버터는 베이킹에서 고소한 맛과 향을 더해 풍미를 제공하며, 제품의 식감과 질감을 결정하는 중요한 역할을 한다. 또한, 구울 때 겉면의 색과 질감에 영향을 미치고, 내부의 촉촉함을 유지하는 데도 기여한다. 따라서 버터를 대체하는 재료는 이러한 역할을 효과적으로 보완할 수 있어야 하며, 각 대체재의 특성을 고려해 적절히 선택하는 것이 중요하다.

2_버터 대체재의 종류 및 특성

종류	주요 특성	비건 베이킹 활용도
포도씨유 및 현미유 (Grapeseed oil and Rice bran oil)	· 다른 재료의 맛을 해치지 않아 다양한 비건 베이킹 제품에 활용	★★★
올리브유 (Olive oil)	· 특유의 풍미로 다른 재료와 조화로움을 높임 · 고온에서 구워야 하는 제품에는 부적합	★★
코코넛 오일 (Coconut oil)	· 버터가 주는 질감과 풍미를 대체할 수 있음 · 특히 고소한 향을 더하는 용도로 활용 · 코코넛 향이 강할 수 있어 특정 베이킹 제품에만 적합	★★
땅콩버터 및 아몬드버터 (Peanut butter and Almond butter)	· 버터의 고소한 맛을 대체 · 오일과 혼합해 사용하여 풍미와 질감 모두 개선 가능	★★

종류	주요 특성	비건 베이킹 활용도
아보카도 (Avocado)	· 버터의 크리미한 식감을 대체 · 파이나 쿠키 같은 제품에서 부드럽고 촉촉한 식감을 유지하는 데 유용	★
사과 소스(애플 소스) (Apple sauce)	· 케이크나 머핀 같은 부드러운 제품에 사용 · 단, 수분 조절이 필요할 수 있음	★★
바나나 퓌레 (Banana purée)	· 특히 팬케이크, 머핀, 브라우니 등에서 사용 가능하며 크리미한 질감을 유지함	★★
플렉스시드(아마씨) 젤 (Flaxseed gel)	· 버터가 제공하는 촉촉함과 일부 크리미한 질감을 대체	★
두부(연두부) (Tofu)	· 크림 같은 텍스처가 필요한 제품에 적합 · 키쉬, 케이크, 파운드, 크림 등에 적합	★★
마가린 (Margarine)	· 버터의 맛과 질감을 거의 동일하게 대체하여 비건 베이킹 시 널리 사용	★★

[1] 포도씨유 및 현미유(Grapeseed oil and Rice bran oil)

포도씨유와 현미유는 발연점이 높고 맛과 향이 거의 없어 다른 재료의 풍미를 해치지 않는다는 장점이 있다. 이러한 특성 덕분에 비건 베이킹에서 가장 많이 사용되는 오일로, 고온에서도 안정적으로 유지되며 다양한 조리법에 활용될 수 있다. 버터의 고소한 풍미를 그대로 대체하기보다는 제품의 부드러운 질감과 촉촉함을 유지하는 데 효과적이며, 특히 다른 재료의 맛을 살리는 것이 중요한 경우에 적합하다.

[2] 올리브유(Olive oil)

올리브유, 특히 엑스트라 버진 올리브유는 고유의 향을 지니고 있어 풍미를 강조하는 데 효과적이며, 다른 재료들과의 조화를 높여 특별한 맛을 더할 수 있다. 그러나 발연점이 낮아 200℃ 이하에서 사용하는 것이 바람직하며, 이로 인해 고온에서 구워야 하는 제품에는 적합하지 않다. 버터의 풍미를 대체하는 역할을 할 수 있어 맛의 균형을 중요하게 여기는 요리에 잘 어울린다.

[3] 코코넛 오일(Coconut oil)

코코넛 오일은 24℃ 이하에서는 고체, 그 이상에서는 액체 상태로 존재하며, 코코넛 특유의 향을 지니고 있다. 이러한 특성 덕분에 제품의 온도에 따라 원하는 질감을 조절할 수 있으며, 풍미를 살리는 데도 기여한다. 그러나 코코넛 향이 강하기 때문에 특정 요리나 베이킹 제품에만 적합하며, 모든 조리법에 사용하기에는 제한이 있을 수 있다. 버터의 질감과 풍미를 대체하는 역할을 하면서도 고소한 향을 더하는 데 효과적인 재료이다.

[4] 땅콩버터 및 아몬드버터(Peanut butter and Almond butter)

땅콩버터와 아몬드버터는 각각의 견과류 특유의 고소한 맛과 향을 지니고 있어 풍미를 강조하는 데 효과적이다. 특히 다른 오일과 함께 사용할 경우 더욱 깊은 맛을 낼 수 있으며, 오일의 사용량을 줄이면서도 풍미를 강화하는 장점이 있다. 다만, 단독으로 사용하기에는 제한이 있으며, 제품에 따라 향이 너무 강해질 수 있어 적절한 균형이 필요하다. 버터의 고소한 맛을 대체하는 동시에 오일과 혼합하여 풍미와 질감을 함께 개선할 수 있는 재료로 활용된다.

[5] 아보카도(Avocado)

아보카도는 부드럽고 크리미한 질감을 가진 과일로, 지방 함량이 높아 심장 건강에 좋은 불포화 지방산을 풍부하게 함유하고 있다. 건강한 지방을 공급하는 동시에 비건 베이킹이나 건강을 고려한 조리법에 적합하며, 버터 없이도 크리미한 질감을 제공하는 것이 특징이다. 다만, 아보카도의 맛과 색이 제품에 영향을 미칠 수 있어 다른 재료들과의 조화가 중요하다. 버터의 크리미한 식감을 대체할 수 있으며, 특히 파이나 쿠키 같은 제품에서 부드럽고 촉촉한 식감을 유지하는 데 유용하다.

[6] 사과 소스(애플 소스)(Apple sauce)

애플 소스는 조리된 사과로 만든 소스로 당도가 있으며 수분 함량이 높다. 지방을 줄이면서도 수분을 유지하는 역할을 하며, 자연스러운 단맛을 더해줄 수 있어 칼로리와 지방을 낮추고 싶은 레시피에 적합하다. 다만, 수분 함량이 높아 질감에 변화를 줄 수 있으며, 사과의 향과 맛이 제품에 영향을 미칠 수 있어 조리법에 따라 신중한 사용이 필요하다. 버터가 제공하는 촉촉함을 대체하는 데 효과적이며, 특히 케이크나 머핀 같은 부드러운 식감의 제품에서 활용되지만, 적절한 수분 조절이 필요하다.

[7] 바나나 퓌레(Banana purée)

바나나 퓌레는 잘 익은 바나나를 으깨서 만든 것으로, 당도와 수분이 높으며 크리미한 질감을 제공한다. 지방을 줄이면서도 자연스러운 단맛과 부드러운 식감을 더할 수 있어 건강한 베이킹에 적합하며, 비건 베이킹에서도 널리 사용된다. 다만, 바나나 특유의 강한 맛과 향이 제품에 영향을 줄 수 있어 모든 레시피에 적용하기에는 한계가 있다. 버터가 제공하는 촉촉함과 일부 풍미를 대체할 수 있으며, 특히 팬케이크, 머핀, 브라우니와 같은 제품에서 크리미한 질감을 유지하는 데 효과적이다.

[8] 플렉스시드(아마씨) 젤(Flaxseed gel)

플렉스시드 젤은 아마씨를 물에 불려 만든 젤 형태로, 끈적한 식감과 약간의 견과류 풍미를 지닌다. 비건 베이킹에서 달걀 대체재로도 활용되며, 버터의 일부 역할을 대신할 수 있는 재료로 건강에 좋은 오메가-3 지방산을 포함하고 있다. 다만, 아마씨 특유의 맛과 향이 강해질 수 있어 모든 제품에 적합하지 않을 수 있다. 버터가 제공하는 촉촉함과 일부 질감을 대체하는 데 효과적이며, 특히 빵이나 쿠키 같은 제품에서 크리미한 질감을 부여하는 데 도움을 준다.

[9] 두부(연두부)(Tofu)

연두부는 물기가 많고 부드러운 질감을 지닌 두부로, 단백질과 지방을 함유하고 있어 비건 및 건강식에서 버터의 대체재로 활용될 수 있다. 크리미한 식감을 제공하며 담백한 맛을 가지고 있어 다양한 요리에 잘 어울린다. 다만, 질감이 다소 달라 일부 제품에서는 버터의 역할을 완전히 대체하기 어려울 수 있다. 주로 부드러운 텍스처가 필요한 요리에 적합하며, 특히 스무디, 디저트, 소스 등에서 크림 같은 질감을 내는 데 유용하게 사용된다.

[10] 마가린(Margarine)

마가린은 식물성 오일을 주성분으로 만든 제품으로, 버터와 비슷한 질감과 맛을 지니고 있다. 가격이 저렴하고 보관이 용이하며, 비건 제품도 존재해 다양한 베이킹과 요리에 활용될 수 있다. 특히 버터와 거의 동일한 방식으로 사용할 수 있으며, 구움 색과 촉촉함을 유지하는 데도 효과적이다. 다만, 가공된 지방을 포함하고 있어 일부 건강상의 우려가 있을 수 있다. 전반적으로 버터의 맛과 질감을 대체하는 데 유용하며, 베이킹 전반에 널리 사용된다.

이처럼 다양한 버터 대체재가 존재하며, 각각의 대체재는 버터가 하는 여러 가지 역할을 상황에 맞게 대체할 수 있다. 대체재를 선택할 때는 제품의 목적과 원하는 맛, 식감을 고려하는 것이 중요하며, 조리법에 따라 적절한 재료를 선택하면 보다 만족스러운 결과를 얻을 수 있다.

04 설탕의 역할과 대체재 분석

설탕은 단순히 단맛을 내는 재료가 아니라, 제품의 식감, 구조, 외관을 형성하는 데 중요한 역할을 하는 다목적 재료이다. 베이킹과 요리에서 설탕은 단맛을 부여할 뿐만 아니라, 수분을 유지하고, 캐러멜화 반응을 일으켜 색과 풍미를 개선하며, 효모 발효를 촉진하는 등 다양한 기능을 수행한다. 이러한 설탕의 역할은 제품의 품질과 맛을 결정짓는 중요한 요소이며, 이에 따라 적절한 대체재를 선택하는 것이 중요하다. 최근 건강과 환경을 고려하는 소비자들이 증가하면서 전통적인 백설탕 대신 천연 감미료나 저칼로리 대체재를 찾는 움직임이 활발해지고 있다. 이에 따라 스테비아, 에리스리톨, 코코넛 슈거, 아가베 시럽 등 다양한 대체재가 등장하고 있으며, 각각 고유의 특성과 용해도, 단맛 강도, 베이킹 시 안정성 등이 달라 요리에서 서로 다른 역할을 수행한다. 설탕 대체재의 올바른 활용은 건강한 식생활을 유지하면서도 기존 제품의 맛과 품질을 유지하는 데 중요한 요소로 작용한다.

1_설탕의 역할

설탕은 요리와 베이킹에서 단순히 단맛을 내는 것을 넘어, 제품의 식감과 구조를 형성하는 데 중요한 역할을 한다. 기본적으로 단맛을 제공하여 디저트와 베이킹 제품에서 필수적인 재료로 사용되며, 수분을 유지하여 빵이나 케이크의 촉촉한 식감을 유지하고 건조해지는 것을 방지한다. 또한, 효모의 먹이가 되어 발효를 촉진함으로써 빵 반죽을 부드럽고 가볍게 부풀게 하며, 열을 가했을 때 캐러멜화와 마이야르 반응을 통해 구움색을 형성하여 제품의 시각적 매력과 풍미를 더한다. 뿐만 아니라, 설탕은 제품의 바삭함과 부드러움을 조절하는 연화 작용을 하며, 머랭이나 케이크 반죽에서 거품을 안정화시켜 가벼운 식감을 유지하는 데 도움을 준다. 최근 건강과 환경을 고려하는 소비자들이 늘어나면서 백설탕 대신 다양한 대체재가 주목받고 있다. 이러한 대체재들은 설탕의 여러 기능을 일정 부분 대체하면서도 각기 고유한 특성을 지닌다.

2_설탕 대체재의 종류와 특성

종류	주요 특성	비건 베이킹 활용도
유기농 비정제 설탕 (Organic unrefined sugar)	· 다양한 베이킹 제품에 활용 가능 · 특히 촉촉한 텍스처를 생성해 쿠키, 케이크에 적합	★★★
아가베 시럽 (Agave syrup)	· 다양한 베이킹 제품에 활용 가능 · 특히 케이크, 브라우니와 같은 습윤한 제과에 적합	★★★
메이플 시럽 (Maple syrup)	· 미묘한 캐러멜 향을 추가해 베이킹의 풍미를 높임 · 타르트지, 쿠키, 크림에 적합	★★
조청 (Rice syrup)	· 꿀 대체재로 자주 사용	★★
스테비아 (Stevia)	· 음료, 디저트 등에서 설탕 대체로 사용 · 제과 단독 사용 부적합	★
코코넛 슈거 (Coconut sugar)	· 디저트, 음료, 쿠키 등에서 깊은 풍미를 더하는 데 적합	★★★
대추야자 시럽 (Date syrup)	· 비건 베이킹, 에너지 바, 케이크 등에서 과일 단맛을 더하는 데 적합	★★
자일리톨 (Xylitol)	· 베이킹 시 물을 끌어들이는 성질 때문에 습기 조절에 주의	★

종류	주요 특성	비건 베이킹 활용도
에리스리톨 (Erythritol)	· 음료, 다이어트 베이킹, 디저트에서 설탕 대체로 사용	★
몽크프룻(라한과) 추출물 (Monk fruit extract)	· 음료, 디저트, 베이킹에서 설탕 대체로 사용 가능	★
야콘 시럽 (Yacon syrup)	· 샐러드 드레싱, 요거트, 저칼로리 베이킹에 적합	★
블랙스트랩 몰라시스 (Blackstrap molasses)	· 진한 맛을 내고 싶은 베이킹 제품에 적합	★

[1] 유기농 비정제 설탕(Organic unrefined sugar)

유기농 비정제 설탕은 정제 과정을 거치지 않아 비타민과 무기질이 비교적 잘 보존되어 있어 영양학적으로 더 유익한 대체 감미료이다. 백설탕에 비해 당도는 다소 낮지만, 은은하고 지속적인 단맛을 제공하며, 베이킹에서 자연스러운 감칠맛을 더해준다. 특히 쿠키나 케이크 같은 제품에서는 부드럽고 촉촉한 텍스처를 형성하여 보다 풍부한 식감을 완성하는 데 기여한다. 또한, 백설탕보다 덜 바삭한 질감을 갖지만 다양한 베이킹 제품에 활용할 수 있어 건강을 고려한 대체 감미료로 적합하다.

[2] 아가베 시럽(Agave syrup)

아가베 시럽은 아가베 선인장에서 추출한 천연 감미료로, 낮은 혈당지수를 가져 건강한 대체재로 주목받고 있다. 꿀과 유사한 선명한 단맛을 제공하면서도 고유의 향이 거의 없어 다양한 요리와 베이킹에 활용하기 용이하다. 또한, 제품에 촉촉함을 더하는 특성이 있어 특히 케이크나 브라우니처럼 습윤한 질감을 필요로 하는 제과에서 좋은 결과를 낸다. 무기질이 풍부하게 함유되어 있어 영양학적으로도 유익하며, 부드럽고 촉촉한 식감을 유지하는 데 효과적인 감미료로 활용될 수 있다.

[3] 메이플 시럽(Maple syrup)

메이플 시럽은 단풍나무 수액을 농축하여 만든 천연 감미료로, 점도가 낮고 가벼운 수분감을 제공하는 것이 특징이다. 아가베 시럽보다 묽지만, 미묘한 캐러멜 향을 지니고 있어 요리와 베이킹에 깊이를 더하는 역할을 한다. 또한, 무기질이 풍부하여 영양학적으로도 유익하며, 가벼운 단맛과 함께 자연스러운 풍미를 살릴 수 있어 다양한 요리에 활용할 수 있다. 특히 베이킹에서는 촉촉한 질감을 유지하면서도 은은한 감칠맛을 더하는 감미료로 적합하다.

[4] 조청(Rice syrup)

조청은 곡류의 전분을 당화하여 얻은 전통적인 감미료로, 꿀과 유사한 점성과 자연스러운 단맛을 제공한다. 특히 비건 요리에서 꿀의 대체재로 자주 활용되며, 베이킹뿐만 아니라 다양한 요리에 자연스러운 단맛을 더하는 데 적합하다. 점성이 높아 요리의 질감을 부드럽게 만들고, 깊은 풍미를 부여하는 특징이 있어 전통적인 한식뿐만 아니라 현대적인 요리와 디저트에도 널리 사용된다.

[5] 스테비아(Stevia)

스테비아는 설탕보다 약 200배 강한 단맛을 내면서도 칼로리가 거의 없는 천연 감미료로, 당뇨 환자나 다이어트를 하는 사람들에게 인기가 많다. 소량만 사용해도 단맛을 낼 수 있어 효율적이지만, 특유의 쓴맛이 있어 사용 시 적절한 조절이 필요하다. 주로 음료나 디저트에서 설탕 대체재로 활용되며, 칼로리를 낮추면서도 단맛을 유지하고자 할 때 효과적인 선택이 될 수 있다.

[6] 코코넛 슈거(Coconut sugar)

코코넛 슈거는 코코넛 꽃에서 추출한 수액을 건조해 만든 천연 감미료로, 혈당지수가 낮고 미네랄과 항산화 물질이 풍부하여 건강한 대체재로 주목받는다. 백설탕보다 부드러운 캐러멜 풍미를 지니고 있어 디저트나 음료에 깊은 맛을 더하며, 쿠키나 베이킹 제품에서도 자연스러운 감칠맛을 낸다. 입자가 크고 고운 질감을 가지고 있으며, 색이 어두워 제품에 약간의 색 변화를 줄 수 있지만, 풍미를 한층 강화하는 데 효과적인 감미료로 활용된다.

[7] 대추야자 시럽(Date syrup)

대추야자 시럽은 대추야자 열매에서 추출한 천연 감미료로, 높은 당도를 가지면서도 섬유질과 비타민, 무기질이 풍부해 영양학적으로도 우수하다. 자연스럽고 강한 과일 단맛과 함께 특유의 풍미를 지니고 있어 다양한 요리와 베이킹에 활용되며, 특히 에너지 바나 비건 베이킹에서 인기가 높다. 점성이 있는 시럽 형태로 케이크나 디저트에 촉촉한 질감을 더하는 데 효과적이며, 건강을 고려한 감미료로 적합한 선택지가 될 수 있다.

[8] 자일리톨(Xylitol)

자일리톨은 자작나무에서 추출한 천연 감미료로, 설탕과 유사한 단맛을 내면서도 칼로리가 낮아 건강한 대체재로 활용된다. 특히 충치 예방 효과가 있어 껌이나 치약 같은 치과 용품에 널리 사용되며, 당뇨 환자를 위한 식단이나 다이어트 음식에서도 설탕 대체재로 주목받고 있다. 다만, 베이킹 시에는 수분을 끌어들이는 성질이 있어 습기 조절에 주의해야 하지만, 적절히 활용하면 다양한 요리와 디저트에서 건강한 단맛을 제공할 수 있다.

[9] 에리스리톨(Erythritol)

에리스리톨은 발효 과정을 통해 생성된 천연 감미료로, 설탕의 약 70% 정도의 단맛을 제공하면서도 칼로리가 거의 없고 혈당을 올리지 않아 다이어트나 당뇨 관리를 위한 대체 감미료로 인기가 높다. 음료, 다이어트 베이킹, 디저트 등 다양한 요리에 활용할 수 있으며, 설탕을 줄이면서도 자연스러운 단맛을 유지하는 데 효과적이다. 다만, 많은 양을 섭취할 경우 소화 불편을 유발할 수 있어 적절한 사용량을 조절하는 것이 중요하다.

[10] 몽크프룻(라한과) 추출물(Monk fruit extract)

몽크프룻 추출물은 라한과 열매에서 얻은 천연 감미료로, 설탕보다 150~200배 강한 단맛을 내면서도 칼로리가 전혀 없어 건강한 대체 감미료로 주목받는다. 당뇨 환자나 체중 감량을 원하는 사람들이 선호하며, 다른 대체 감미료에 비해 쓴맛이 거의 없어 부드럽고 자연스러운 단맛을 제공하는 것이 특징이다. 음료, 디저트, 베이킹 등 다양한 요리에 활용할 수 있으며, 설탕을 줄이면서도 충분한 단맛을 유지하는 데 효과적인 선택이 될 수 있다.

[11] 야콘 시럽(Yacon syrup)

야콘 시럽은 야콘 뿌리에서 추출한 천연 감미료로, 혈당지수가 낮고 프락토올리고당(FOS)을 함유해 장 건강에 도움이 되는 특징을 가진다. 가벼운 캐러멜 풍미와 자연스러운 단맛을 제공하며, 과일 샐러드나 요거트 같은 건강식에 잘 어울린다. 또한, 베이킹에서는 비건 또는 저칼로리 옵션으로 활용되며, 설탕을 대체하면서도 자연스럽고 부드러운 단맛을 더하는 역할을 한다.

[12] 블랙스트랩 몰라시스(Blackstrap molasses)

블랙스트랩 몰라시스는 사탕수수에서 설탕을 추출한 후 남은 농축 시럽으로, 미네랄과 비타민이 풍부하고 깊고 진한 풍미를 제공하는 감미료이다. 특히 베이킹에서 강한 맛과 색을 더하는 역할을 하며, 브라우니나 진한 색상의 제과에 많이 사용된다. 단맛이 강하면서도 특유의 쓴맛과 진한 향이 있어 소량을 사용하는 것이 좋으며, 제품의 풍미를 깊게 만들고 싶은 요리나 디저트에 적합한 대체 감미료로 활용된다.

PART II [비건 베이킹 트레이닝]

비건 버터

(Vegan Butter)

비건 버터

제품의 특징

01_ 식물성 재료 사용

- 비건 버터는 동물성 재료를 전혀 사용하지 않고 두유, 레몬즙, 오일, 코코넛 오일, 카카오 버터 등 다양한 식물성 성분으로 만들어진 버터 대체 식품이다.

02_ 크리미한 질감

- 전통적인 버터의 크리미한 질감을 재현하면서도, 유제품을 피하고자 하는 사람들에게 적합한 선택이다.

영양학적 효능

01_ 포화지방 감소 및 콜레스테롤 제로

- 비건 버터는 동물성 지방 대신 식물성 오일과 코코넛 오일을 사용하여 포화지방 섭취를 줄일 수 있다. 이는 심혈관 건강에 긍정적인 영향을 미칠 수 있다.
- 동물성 성분이 포함되지 않기 때문에 콜레스테롤이 없으며, 고콜레스테롤 관리가 필요한 사람들에게 유리하다.

02_ 비타민 E 함유 및 레시틴의 기능

- 비건 버터에 사용된 식물성 오일에는 항산화제 역할을 하는 비타민 E가 풍부하여 세포 손상을 방지하고 피부 건강에 도움이 될 수 있다.
- 비건 버터에 포함된 레시틴은 뇌 기능 향상, 간 건강 증진, 혈중 콜레스테롤 감소에 기여하는 중요한 영양소이다.

재료 준비

- 모든 재료를 준비한다.
- 오일과 코코넛 오일, 카카오 버터는 하나의 볼에 계량하여 준비한다.

배합표

재 료 명	무 게(g)
두유	190
레몬즙	23
레시틴 분말	60
오일	180
코코넛 오일	90
카카오 버터	90

제조 공정

01_재료 혼합

1. 두유를 냄비에 옮겨 중약불로 데운다.

2. 가장자리가 끓기 시작하면 불에서 내려 레몬즙을 넣고 비건 달걀화한다.

- 두유의 온도가 너무 높아지면 단백질 변성이 일어나므로, 약 80~85℃에서 가장자리가 끓기 시작할 때까지만 가열한다.
- 레몬즙의 산(acid)이 두유 단백질과 반응하여 응고가 일어나고, 미세한 응집체가 형성된다. 이를 통해 식감이 더욱 부드러워진다.

1. 따뜻한 두유에 카카오 버터를 넣고 잔열을 이용해 서서히 녹인다.

2. 두유를 믹서기에 옮기고 레시틴 분말, 오일, 코코넛 오일을 함께 넣는다.

3. 믹서기로 곱게 갈아주면서 분리가 일어나지 않도록 충분한 유화(emulsification) 과정을 거친다.

- 카카오 버터는 32~35℃에서 천천히 녹으며, 이 과정에서 유화가 원활하게 진행될 수 있도록 가볍게 젓는다.
- 레시틴은 유화제 역할을 하며, 물(두유)과 기름 성분(오일, 카카오 버터)을 균일하게 섞이도록 돕는다.
- 고속 믹싱을 하면 지방 입자가 더 미세해져 제품의 질감이 더욱 부드러워진다.

혼합된 재료 냉장 또는 냉동 보관하기

1. 혼합된 재료를 밀폐용기에 담아 냉장 또는 냉동 보관한다.

2. 냉장 보관 시 일주일, 냉동 보관 시 한 달까지 보관 가능하다.

- 냉장 보관할 경우 시간이 지나면서 미세한 지방 입자가 응집될 수 있으므로, 사용 전 다시 한 번 가볍게 믹싱해주면
  품질이 유지된다.

비건 버터의 문화적 역사

비건 버터는 단순한 유제품 대체품을 넘어, 문화적·역사적 맥락에서 깊이 있는 의미를 지닌 식품이다. 전통적인 버터는 오랜 세월 동안 서구 사회에서 주요한 식재료로 자리 잡아왔으며, 이는 가축 사육과 낙농업의 발달, 식문화의 중심이 동물성 식품에 기반했기 때문이다. 그러나 20세기 후반부터 동물 복지, 환경 보호, 건강에 대한 인식이 높아지면서 비건 식생활이 하나의 문화적 흐름으로 자리 잡기 시작하였고, 이 과정에서 비건 버터도 자연스럽게 등장하게 되었다.

비건 버터의 등장은 1960~1970년대 서구에서 시작된 채식주의 운동과 연결된다. 초기에는 제한된 재료와 기술로 인해 일반 버터와 비교해 맛과 질감이 부족했지만, 이후 식품과학의 발전과 함께 식물성 유지, 견과류, 코코넛 오일, 아보카도 등 다양한 원료를 활용한 고급 비건 버터가 개발되었다. 특히 21세기 들어 식물성 식품에 대한 소비자의 수요가 폭발적으로 증가하면서, 비건 버터는 단순한 대체재를 넘어 하나의 새로운 미식 경험이자 윤리적 선택으로 자리 잡았다.

또한, 비건 버터는 식문화의 다양성과 포용성이라는 측면에서도 중요한 의미를 지닌다. 특정 종교나 문화권에서는 유제품 섭취가 제한되거나 금지되기도 하는데, 비건 버터는 이러한 제약을 넘어 다양한 문화권에서 공유할 수 있는 식재료로 기능한다. 이는 세계화된 식문화 속에서 더욱 중요해지고 있으며, 비건 버터는 지속 가능한 식생활을 상징하는 아이콘으로 자리 잡고 있다.

결국 비건 버터는 단순히 동물성 버터의 대체품이 아니라, 변화하는 시대의 가치관을 반영한 식품이며, 건강, 환경, 윤리, 다양성이라는 현대 식문화의 핵심 키워드를 함축하고 있다. 이러한 관점에서 비건 버터를 이해하는 것은 현대 식문화의 흐름을 읽는 데 중요한 단초가 된다.

오트밀 레이즌 쿠키

(Oatmeal Raisin Cookies)

제품의 특징

01_ 오트밀 기반 및 비건 친화적

- 오트밀을 주재료로 사용하여 고소하고 건강한 맛을 제공한다.
- 비건 버터와 아마씨를 사용하여 채식주의자도 섭취할 수 있다.

02_ 건포도 추가, 부드러운 식감, 간편한 제조

- 건포도가 들어가 달콤하면서도 씹는 맛을 더해준다.
- 오트밀의 식이섬유가 풍부함에도 불구하고, 물을 충분히 사용해 부드러운 식감을 유지한다.
- 집에서 간편하게 만들 수 있는 레시피로, 재료 준비와 조리 과정이 비교적 간단하다.

영양학적 효능

01_ 오트밀의 베타글루칸

- 수용성 식이섬유로, 콜레스테롤 수치를 낮추고 혈당 조절에 도움을 준다.
- 면역력 향상에 기여한다.

02_ 아마씨의 오메가-3 지방산, 비타민과 미네랄

- 아마씨는 오메가-3 지방산이 풍부해 심장 건강에 좋으며, 비타민 B군과 E, 마그네슘, 칼슘, 철분 등의 미네랄도 함유해 전반적인 건강에 도움이 된다.
- 심혈관 건강을 개선하고 염증을 줄이는 데 도움을 준다.
- 건포도는 다양한 비타민과 미네랄을 제공해 성장 발육을 촉진하고, 체내 에너지원으로 기능한다.

03_ 다이어트 효과 및 심혈관 질환 예방

- 식이섬유가 풍부하여 포만감을 오래 유지해주며, 체중 조절에 유익하다.
- 오트밀과 아마씨가 혈중 콜레스테롤을 낮추고, 혈압 조절에 도움을 줘 심혈관 질환 예방에 기여한다.

재료 준비

- A(가루재료)와 B(액체 및 그 외 재료), 충전물을 준비한다.
- 가루재료는 하나의 볼에 계량하고, 다른 볼에 설탕과 소금을 계량한다.

배합표

<table>
<tr><td colspan="2">A</td><td></td><td colspan="2">B</td><td></td><td colspan="2">충전물</td></tr>
<tr><td>재 료 명</td><td>무 게(g)</td><td></td><td>재 료 명</td><td>무 게(g)</td><td></td><td>재 료 명</td><td>무 게(g)</td></tr>
<tr><td>박력분</td><td>85</td><td></td><td>물</td><td>34</td><td></td><td>오트밀</td><td>50</td></tr>
<tr><td>베이킹파우더</td><td>2</td><td></td><td>아마씨 가루</td><td>10</td><td></td><td>건포도</td><td>25</td></tr>
<tr><td>시나몬 가루</td><td>1</td><td></td><td>비건 버터</td><td>50</td><td></td><td></td><td></td></tr>
<tr><td></td><td></td><td></td><td>설탕</td><td>70</td><td></td><td></td><td></td></tr>
<tr><td></td><td></td><td></td><td>소금</td><td>1</td><td></td><td></td><td></td></tr>
</table>

제조 공정

01_준비 단계

1. 건포도는 27℃의 미지근한 물에 담가 불린 후 물기를 제거하여 준비한다.

2. 비건 버터는 충분히 부드러워서 사용하기 편한 상태가 되도록 실온에 둔다.

- 과정 1은 건포도의 수분 함량을 조절하여 쿠키 내에서 균일한 식감을 유지하고, 구울 때 과도한 수분 손실로 인해 딱딱해지는 것을 방지하는 역할을 한다.
- 실온 상태의 버터는 반죽에 고르게 섞이며, 크리밍 과정에서 공기를 포함하여 바삭한 쿠키 식감을 형성하는 데 도움을 준다.

물을 넣고 갈아둔 아마씨 가루를 중간 크기의 볼에 넣은 후 주걱으로 섞어 비건 달걀을 만든다.

- 아마씨 가루는 수분과 결합하여 점성을 띠며, 반죽을 결합시키는 역할을 한다. 이는 달걀의 기능을 대체하여 쿠키의 구조를 형성하는 데 중요한 역할을 한다.

02_가루재료 준비

박력분, 베이킹파우더, 시나몬 가루는 함께 체질하여 준비한다.

- 체질은 가루 입자를 곱게 만들어 균일한 반죽을 형성하는 데 도움을 주며, 베이킹파우더가 반죽 전체에 고르게 퍼져 팽창이 균일하게 진행되도록 한다.

03_재료 혼합

  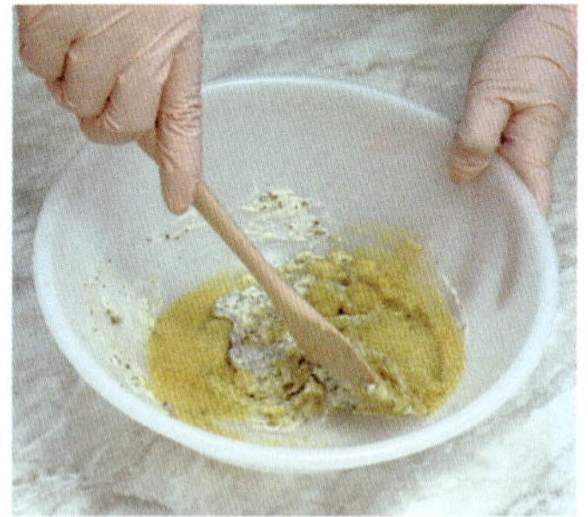

1. 준비한 비건 달걀 대체액에 비건 버터를 넣고 주걱을 이용하여 균일하게 풀어준다.

2. 설탕과 소금을 넣고 설탕이 적당히 녹을 때까지 섞는다.

- 과정 1에서 버터가 고르게 퍼져 반죽이 부드러워지고, 크리밍 효과를 통해 가벼운 식감이 형성된다.
- 설탕은 수분을 흡수하여 반죽의 점도를 조절하고, 구울 때 캐러멜화 반응을 일으켜 쿠키의 풍미를 증진시킨다.
- 소금은 단맛을 강조하고, 쿠키의 전체적인 맛의 균형을 잡아준다.

1. 체질한 가루재료를 넣고 80% 정도만 섞는다.

2. 준비한 건포도와 오트밀을 넣고 한 덩어리가 되도록 반죽한다.

- 밀가루 반죽을 가볍게 혼합함으로써 글루텐 형성을 최소화하여, 쿠키의 질감이 너무 질겨지는 것을 방지한다.

- 오트밀은 수분을 흡수하여 쿠키의 조직을 탄탄하게 하고, 씹는 식감을 더해준다.

완성된 반죽은 랩을 씌워 냉장고에서 30분간 휴지시킨다.

- 휴지 과정은 반죽의 수분을 균일하게 분포시키고, 쿠키의 조직을 안정화하여 구울 때 모양이 잘 유지되도록 한다.

04_팬닝 및 굽기

1. 휴지가 끝난 반죽을 균등한 크기로 6등분한다.
2. 반죽을 적절한 형태로 빚어 팬닝한다.

- 팬닝할 때 쿠키 반죽 사이의 간격을 일정하게 유지하여 굽는 동안 퍼지는 공간을 확보한다.

윗불 180℃, 아랫불 160℃로 예열한 오븐에서 12~15분간 굽는다.

- 오븐 내부의 열로 인해 반죽 속의 수분이 증발하면서 부피가 팽창하고, 베이킹파우더가 반응하여 기포를 생성한다.
- 설탕이 고온에서 캐러멜화 반응을 일으켜 쿠키의 색이 점차 황금빛으로 변하고, 풍미가 깊어진다.
- 반죽 속 밀가루의 전분이 호화되면서 쿠키의 내부 조직이 형성된다.
- 비건 버터와 아마씨 대체 달걀 속의 단백질이 열을 받아 응고되면서 쿠키의 구조가 고정된다.

오트밀의 문화적 역사

오트밀은 단순한 식재료를 넘어, 다양한 문화와 역사 속에서 인간의 삶과 밀접하게 연결되어 온 곡물 음식이다. 오트밀은 귀리를 쪄서 눌러 만든 식품으로, 유럽 특히 스코틀랜드와 아일랜드에서 오랜 세월 동안 서민의 주식으로 자리 잡아 왔다. 척박한 기후에서도 잘 자라는 귀리는 중세 유럽 농민들에게 안정적인 에너지원이었으며, 오트밀은 그들의 일상 식사와 밀접한 관계를 맺어왔다. 특히 스코틀랜드에서는 오트밀을 '포리지'라는 형태로 아침 식사에 즐겨 먹으며, 이를 담는 나무 그릇인 '퍼딩 스틱'과 함께 전통적인 식문화로 정착하였다.

산업혁명 이후 오트밀은 영국을 비롯한 서구 국가들의 도시화와 노동자 계층의 식생활 변화와 함께 더욱 대중화되었다. 19세기와 20세기 초에는 미국으로 건너가 아침 식사 대용품으로 자리 잡으며, 영양과 간편함을 강조한 가공식품으로 발전하였다. 특히 금세기 들어 건강과 웰빙에 대한 관심이 증가하면서 오트밀은 섬유질이 풍부하고 혈당지수를 낮추는 건강식으로 각광받고 있다.

문화적으로 오트밀은 단순한 음식 그 이상으로, 절제된 생활, 자연과의 조화, 건강한 식습관을 상징하는 의미로 확장되어 왔다. 최근에는 채식, 비건 문화의 확산과 함께 동물성 식품을 대체할 수 있는 곡물로도 주목받고 있으며, 다양한 나라의 식문화 속에서 창의적인 레시피로 재탄생하고 있다. 이처럼 오트밀은 한 지역의 전통을 넘어 세계인의 식탁 위에서 역사와 문화, 건강이라는 다층적인 가치를 담고 있는 식재료라 할 수 있다.

견과류 비스코티

(Nuts Biscotti)

견과류 비스코티

제품의 특징

01_ 고소한 견과류 풍미 및 비건 친화적, 영양 가득한 토핑

- 호두, 호박씨, 해바라기씨 등의 다양한 견과류가 들어가 고소한 맛과 영양을 동시에 제공한다.
- 아마씨를 사용해 비건 달걀 대용으로 활용하여 비건도 즐길 수 있는 비스코티이다.
- 건포도와 다양한 견과류가 들어가 씹는 맛과 함께 영양도 가득하다.

02_ 바삭한 식감 및 간편한 레시피

- 두 번 구워져 겉은 바삭하고 속은 단단한 식감을 느낄 수 있는 전통적인 비스코티 스타일이다.
- 복잡하지 않은 제조 과정으로 집에서 손쉽게 만들 수 있는 간식이다.

영양학적 효능

01_ 아마씨의 오메가-3 지방산 및 식이섬유 풍부

- 아마씨는 오메가-3 지방산이 풍부하여 심혈관 건강을 개선하고 염증을 줄이는 데 도움을 줄 수 있다.
- 견과류와 아마씨는 식이섬유가 풍부하여 소화 개선과 장 건강에 도움을 준다.
- 호두, 해바라기씨 등은 단백질, 비타민 E, 식이섬유가 풍부하여 뇌 건강, 피부 개선, 포만감 유지에 기여한다.

02_ 건포도의 항산화 성분 및 저지방 간식

- 건포도는 항산화제 역할을 하는 성분을 포함하고 있어 세포 손상 방지와 면역력 향상에 도움을 줄 수 있다.
- 비건 재료와 오일을 사용해 콜레스테롤이 없고 포화지방이 적은 건강한 간식이다.

재료 준비

- A(가루재료)와 B(액체 및 그 외 재료), 충전물을 준비한다.
- 가루재료와 설탕, 소금은 각각 하나의 볼에 계량하고, 다른 볼에 충전물 중 건포도를 제외한 나머지 재료를 계량한다.

배합표

<table>
<tr><td colspan="2" align="center">A</td><td></td><td colspan="2" align="center">B</td><td></td><td colspan="2" align="center">충전물</td></tr>
<tr><td>재 료 명</td><td>무 게(g)</td><td></td><td>재 료 명</td><td>무 게(g)</td><td></td><td>재 료 명</td><td>무 게(g)</td></tr>
<tr><td>박력분</td><td>130</td><td></td><td>물</td><td>34</td><td></td><td>건포도</td><td>15</td></tr>
<tr><td>베이킹파우더</td><td>1</td><td></td><td>아마씨</td><td>10</td><td></td><td>호두 분태</td><td>15</td></tr>
<tr><td></td><td></td><td></td><td>오일</td><td>35</td><td></td><td>호박씨</td><td>15</td></tr>
<tr><td></td><td></td><td></td><td>설탕</td><td>45</td><td></td><td>해바라기씨</td><td>10</td></tr>
<tr><td></td><td></td><td></td><td>소금</td><td>1</td><td></td><td></td><td></td></tr>
</table>

제조 공정

01_준비 단계

1. 건포도는 27℃의 물에 담가 불린 후, 표면의 물기를 충분히 제거하여 준비한다.

2. 호두 분태, 호박씨, 해바라기씨를 유산지를 깐 오븐 팬에 펼쳐 놓고, 윗불 170℃, 아랫불 170℃로 예열한 오븐에서 약 5분간 굽는다.

- 과정 1은 건포도의 당도가 반죽에 균일하게 퍼지도록 하고, 수분을 머금게 하여 오븐에서 수분이 급격히 증발하는 것을 방지한다.
- 과정 2는 견과류의 풍미를 강화하고, 오븐에서 반죽과 함께 구워질 때 고소한 맛을 극대화하는 역할을 한다.

중간 크기의 볼에 물을 붓고 미리 갈아둔 아마씨 가루를 넣은 후, 주걱으로 잘 섞어 비건 달걀화 과정을 진행한다.

- 이 과정은 점성이 높은 겔(gel) 상태가 되어 달걀의 결합 역할을 하도록 하기 위함이며, 반죽의 유화(emulsification)와 수분 보유력(retention)을 높이는 역할을 한다.

02_가루재료 준비

박력분과 베이킹파우더를 함께 체질하여 준비한다.

- 이 과정은 가루의 입자를 균일하게 만들어 반죽이 부드럽고 균등하게 섞이도록 하며, 베이킹파우더가 반죽 전체에
  균일하게 퍼지도록 돕는다.

03_재료 혼합

1. 비건 달걀화 시킨 아마씨에 설탕과 소금을 넣고 설탕이 적당히 녹을 때까지 섞는다.

2. 오일을 넣고 주걱으로 저어 유화시킨다.

- 과정 2는 수분과 지방이 균일하게 섞이도록 하여 반죽의 조직을 부드럽게 하고, 비스코티가 건조하지 않도록 돕는다.
- 설탕이 부분적으로 녹아야 굽는 동안 표면에 캐러멜라이제이션(caramelization)이 형성되며, 바삭한 식감을
  더할 수 있다.

1. 체질한 가루를 넣고, 주걱을 이용해 자르듯이 섞는다(cutting method).

2. 반죽이 약 80% 정도 섞이면, 전처리하여 식혀둔 견과류와 건포도를 넣고 반죽을 한 덩어리로 만든다.

- 과정 1은 글루텐 형성을 최소화하여 바삭한 식감을 유지하기 위한 중요한 과정이다.
- 견과류와 건포도가 균일하게 퍼지도록 해야 최종 완성 시 식감과 풍미가 균등하게 분포된다.

04_팬닝 및 굽기

1. 테프론 시트 또는 유산지를 깐 오븐 팬 위에 반죽을 타원형으로 성형한다.

2. 윗불 170℃, 아랫불 170℃로 예열한 오븐에 넣고 25~30분간 구운 후 꺼내 충분히 식힌다.

- 과정 1은 1차 굽기에서 내부가 충분히 익고, 이후 절단 후 2차 굽기에서 균일하게 건조될 수 있도록 하기 위함이다.
- 1차 굽기는 반죽 내부까지 익히는 과정으로, 이때 베이킹파우더의 작용으로 팽창이 일어나고, 수분이 증발하면서 조직이 안정화된다.

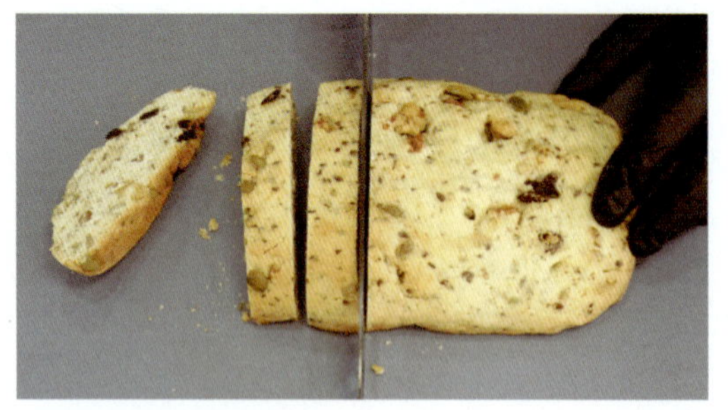 

1. 충분히 식힌 반죽을 식칼을 이용하여 8~10등분한다.

2. 절단한 조각을 오븐 팬에 다시 팬닝한 후, 윗불 170℃, 아랫불 170℃로 예열한 오븐에서
   앞뒤로 각각 10분씩 굽는다.

- 완전히 식혀야 부서짐 없이 단면이 깔끔하게 절단되며, 2차 굽기에서 적절한 수분 감소가 이루어질 수 있다.
- 과정 2는 비스코티 특유의 바삭한 식감을 형성하는 단계로, 내부의 잔여 수분을 증발시켜 장기간 보관이 가능하도록
  만든다.

비스코티의 역사와 문화

비스코티(Biscotti)는 이탈리아의 전통적인 두 번 구운 과자로, 그 기원은 고대 로마 시대로 거슬러 올라간다. '비스코티'라는 단어는 라틴어 'bis'(두 번)와 'coctus'(구운)을 어원으로 하며, 이는 곧 '두 번 구운 빵'을 의미한다. 이러한 조리 방식은 식품의 수분을 제거하여 장기간 보관이 가능하게 하며, 주로 군인이나 여행자들이 장기간 휴대할 수 있는 식량으로 애용되었다.

중세 시기에는 이 과자가 상인들과 순례자들에게 인기 있는 간식으로 자리 잡았으며, 르네상스 이후 토스카나 지방의 프라토(Prato)에서 현대적인 형태의 비스코티가 정착되기 시작하였다. 특히 '비스코티 디 프라토(Biscotti di Prato)'는 아몬드를 넣은 버전으로 유명하며, 현재 우리가 알고 있는 바삭한 비스코티의 대표적인 형태가 되었다.

이탈리아에서는 비스코티를 보통 비노 산토(Vin Santo)라는 디저트 와인에 찍어 먹는 문화가 있으며, 이는 단단한 비스코티를 부드럽게 하여 풍미를 더해주는 역할을 한다. 오늘날에는 커피나 차와 함께 즐기는 간식으로 세계 여러 나라에서 사랑받고 있으며, 각국의 입맛에 맞게 다양한 재료와 방식으로 변형되어 발전하고 있다.

결과적으로 비스코티는 단순한 과자를 넘어, 오랜 시간 동안 저장성과 이동성을 고려한 지혜로운 조리법에서 출발하여, 지역적 정체성과 유럽 식문화의 한 축으로 자리 잡은 대표적인 전통 과자라 할 수 있다.

코코넛 스콘

(Coconut Scones)

제품의 특징

01_ 코코넛 풍미 및 비건 친화적

- 코코넛 분말과 코코넛 오일이 들어가 고소하면서도 부드러운 코코넛 풍미를 느낄 수 있는 스콘이다.
- 코코넛 오일과 두유를 사용하여, 유제품과 동물성 재료를 배제한 비건 스콘이다.

02_ 바삭하면서도 촉촉한 식감, 설탕 토핑

- 반죽에 차가운 코코넛 오일을 사용해 겉은 바삭하고 속은 촉촉한 스콘의 식감을 유지한다.
- 윗면에 설탕을 토핑하여 달콤한 맛과 바삭한 식감을 더할 수 있다.

03_ 간편한 제조 과정

- 비교적 간단한 반죽 과정과 냉장 휴지를 통해 집에서도 손쉽게 만들 수 있는 스콘이다.

영양학적 효능

01_ 코코넛 오일의 건강한 지방 및 코코넛 분말의 항산화 성분

- 코코넛 오일은 중쇄지방산(MCT)이 풍부해 에너지 대사를 촉진하고 체중 관리에 도움이 될 수 있다.
- 코코넛 분말에는 비타민 E와 항산화 성분이 포함되어 있어 세포 손상 방지 및 피부 건강에 기여할 수 있다.

02_ 식이섬유 풍부 및 심혈관 건강 개선

- 코코넛 분말은 식이섬유가 풍부해 소화 기능을 개선하고 장 건강을 촉진한다.
- 코코넛 오일에 포함된 중쇄지방산은 심혈관 질환 위험을 낮추고, 콜레스테롤 수치를 조절하는 데 도움을 줄 수 있다.

03_ 비건 재료의 장점

- 두유는 유당을 포함하지 않아 소화에 부담이 적다.
- 식물성 단백질과 칼슘을 공급하여 뼈 건강과 근육 형성에 도움을 준다.

재료 준비

- A(가루재료)와 B(액체 및 그 외 재료), 토핑재료를 준비한다.
- 가루재료 중 박력분과 베이킹파우더는 하나의 볼에 계량하고, 다른 볼에 코코넛 롱과 코코넛 분말을 계량한다.

배합표

<table>
<tr><td colspan="2" align="center">A</td><td colspan="2" align="center">B</td><td colspan="2" align="center">토핑</td></tr>
<tr><td>재 료 명</td><td>무 게(g)</td><td>재 료 명</td><td>무 게(g)</td><td>재 료 명</td><td>무 게(g)</td></tr>
<tr><td>박력분</td><td>180</td><td>코코넛 버터</td><td>60</td><td>설탕</td><td>적당량</td></tr>
<tr><td>베이킹파우더</td><td>5</td><td>두유</td><td>100</td><td></td><td></td></tr>
<tr><td>코코넛 롱</td><td>30</td><td>설탕</td><td>60</td><td></td><td></td></tr>
<tr><td>코코넛 분말</td><td>30</td><td>소금</td><td>1</td><td></td><td></td></tr>
</table>

제조 공정

01_준비 단계

코코넛 버터는 반죽 과정에서 온도 상승을 방지하고 결을 살리기 위해 냉장 상태로 보관한다.

- 차가운 상태의 버터를 사용해야 반죽 내에서 고르게 퍼지면서 구운 후 바삭한 식감을 형성할 수 있다.

02_가루재료 준비

박력분과 베이킹파우더를 체질하여 준비한다.

- 체질 과정의 목적은 가루 입자 간의 공기층을 형성하여 반죽의 부드러움을 증가시키는 것과 베이킹파우더를 균일하게 분포시켜 반죽이 일정하게 부풀도록 돕는 것이다.

03_재료 혼합

1. 큰 볼에 체질한 가루재료를 넣고 코코넛 분말과 코코넛 롱을 추가한 후 잘 섞는다.
2. 설탕과 소금을 넣고 스크래퍼를 사용하여 골고루 혼합한다.

- 코코넛 분말은 풍미를, 코코넛 롱은 씹는 식감을 강화하는 역할을 한다.
- 설탕은 단맛을 부여할 뿐만 아니라 반죽의 수분 보유력을 높인다.
- 소금은 재료 간 균형을 맞추고 풍미를 증진시킨다.

1. 차가운 코코넛 버터를 넣고 가루재료로 코팅하면서 스크래퍼를 이용해 콩알 크기로 자른다.
2. 버터가 콩알 크기가 되면 두유를 2~3번 나누어 넣으며 한 덩어리가 되도록 가볍게 반죽한다.

- 과정 1은 버터가 반죽 내에서 고르게 분포되도록 하여, 구울 때 기포가 형성되며 결이 살아나는 데 중요한 역할을 한다.
- 액체를 한 번에 많이 넣지 않고 나누어 넣어 섞어야 반죽이 균일하게 수분을 흡수하며, 지나치게 치대지 않아야
  글루텐이 과도하게 형성되는 것을 방지할 수 있다.

04_팬닝 및 굽기

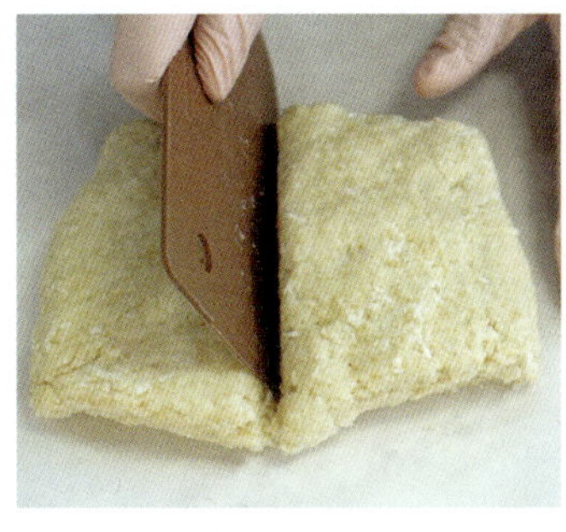 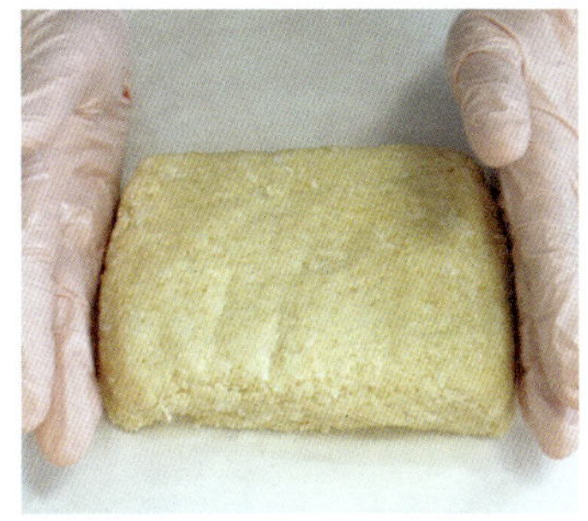 

반절 접기 및 성형한 반죽 휴지

1. 작업대에 반죽을 올린 후 반절 접기를 3~4회 반복하여 결을 형성한다.

2. 반절 접기 후 원하는 형태로 성형한 반죽을 유산지를 씌워 냉장고에서 30분간 휴지시킨다.

- 과정 1은 스콘 특유의 층을 형성하며, 바삭한 식감을 만드는 데 중요한 단계이다.
- 휴지 과정은 반죽 내 글루텐을 안정화하고, 버터가 다시 단단해지도록 하여 구울 때 결이 더욱 선명하게 살아나도록 돕는다.

1. 휴지가 끝난 반죽을 6등분하여 일정한 크기로 나눈다.

2. 윗면에 붓을 이용하여 물을 바른 후 설탕을 묻힌다.

- 크기를 균일하게 맞추어야 굽는 동안 고르게 익을 수 있다.
- 물을 바르면 설탕이 잘 붙고, 구울 때 바삭한 크러스트를 형성하는 데 도움을 준다.

윗불 180℃, 아랫불 170℃로 예열한 오븐에서 20~25분간 굽는다.

코코넛과 비건 문화

코코넛은 고대부터 인류의 삶과 밀접하게 연결되어 온 식물로, 특히 열대 지방에서 생존과 문화의 중요한 요소로 자리해 왔다. 인도, 인도네시아, 필리핀, 폴리네시아 등지에서는 수천 년 전부터 코코넛을 식량, 생활용품, 약재로 활용해 왔으며, 이러한 전통은 오늘날까지 이어지고 있다. 코코넛은 그 껍질, 과육, 물, 심지어 잎까지도 버릴 것이 없는 '생명의 나무(Tree of Life)'로 불리며, 종교적 의식과 일상생활 전반에 깊숙이 스며들어 있다.

문화적으로는 힌두교, 불교, 이슬람 문화권에서 신성한 상징으로 여겨졌고, 의례나 제사에서 자주 사용되었다. 예를 들어 인도에서는 결혼식이나 축제에 코코넛을 깨뜨리는 의식을 통해 새로운 시작과 정화를 기원한다. 하와이와 폴리네시아 지역에서는 코코넛을 중심으로 한 공동체의 노동과 나눔의 문화가 발전하였고, 이는 오늘날 지속 가능한 삶의 모델로도 주목받고 있다.

비건 문화와의 연결은 코코넛의 다용도성과 식물성이라는 점에서 자연스럽게 이루어진다. 코코넛 오일, 코코넛 밀크, 코코넛 워터, 코코넛 슈거 등은 모두 동물성 성분을 대체할 수 있는 재료로, 비건 식단에서 중요한 역할을 한다. 특히 유제품을 대신할 수 있는 코코넛 밀크와 코코넛 요거트는 동물권 보호와 환경 보호의 측면에서도 지속 가능한 선택으로 각광받고 있다.

또한 코코넛은 자연적으로 자라며, 화학비료나 살충제의 사용 없이도 건강하게 재배될 수 있어 친환경적인 농업의 상징이 되기도 한다. 따라서 코코넛은 역사적·문화적 배경 속에서 인류의 생존을 도왔을 뿐 아니라, 현대의 비건 라이프스타일과도 깊이 맞닿아 있는 재료이다. 그것은 단지 먹거리나 소비재를 넘어서, 인간과 자연의 조화로운 공존을 상징하는 매개체로 여겨진다.

아망드 오 쇼콜라

(Amandes au Chocolat)

제품의 특징

01_ 식물성 원료를 사용한 건강 지향 디저트

- 우유와 버터 대신 두유와 오일을 사용하여 유제품을 포함하지 않은 비건 디저트로 제작되었다.

- 소화가 용이하고, 유제품을 피하는 소비자도 부담 없이 즐길 수 있다.

02_ 고소한 아몬드 풍미와 진한 초콜릿 맛

- 아몬드 분말과 슬라이스 아몬드를 활용하여 고소한 풍미와 바삭한 식감을 살렸다.

- 코코아 분말이 더해져 초콜릿의 깊은 맛이 강조되며, 단맛과 쌉싸름한 맛이 균형을 이루는 조화로운 맛을 형성한다.

03_ 가벼운 식감과 부드러운 조직감

- 박력분을 사용하여 가볍고 부드러운 식감을 구현하였다.

- 베이킹파우더가 포함되어 있어 적절한 팽창이 이루어지며, 촉촉한 질감을 유지한다.

04_ 설탕 함량을 줄이고 대체 재료 활용

- 설탕의 양을 조절하고, 두유와 아몬드에서 자연스럽게 느껴지는 단맛을 활용하여 건강한 단맛을 제공한다.

- 과도한 당 섭취를 줄이며, 부담 없는 디저트를 지향한다.

영양학적 효능

01_ 식물성 단백질 공급

- 두유와 아몬드는 양질의 식물성 단백질을 포함하고 있어 근육 형성과 신진대사 활성화에 기여한다.
- 동물성 단백질보다 소화가 용이하여 부담 없이 섭취할 수 있다.

02_ 심혈관 건강 증진

- 아몬드는 불포화지방산이 풍부하여 혈중 콜레스테롤 수치를 조절하고 심혈관 건강을 돕는다.
- 오일 역시 적절한 지방 공급원으로 작용하며, 체내 에너지를 원활하게 공급하는 역할을 한다.

03_ 항산화 효과

- 코코아 분말에는 플라보노이드 성분이 함유되어 있어 강력한 항산화 작용을 하며, 세포 노화 방지와 면역력 강화에 기여한다.
- 혈액 순환을 원활하게 하고 스트레스 완화에도 도움을 준다.

04_ 칼슘 및 미네랄 보충

- 두유와 아몬드는 칼슘이 풍부하여 뼈 건강을 유지하고 골밀도를 강화하는 데 도움이 된다.
- 마그네슘과 비타민 E가 함유되어 있어 피부 건강과 신경 안정에도 긍정적인 영향을 미친다.

재료 준비

- A(가루재료)와 B(액체 및 그 외 재료), 충전물을 준비한다.
- 가루재료는 하나의 볼에 계량하여 준비하고, 다른 볼에 설탕과 소금을 계량하여 준비한다.

배합표

A		B		충전물	
재 료 명	무 게(g)	재 료 명	무 게(g)	재 료 명	무 게(g)
박력분	60	오일	30	아몬드 슬라이스	20
아몬드 분말	18	두유	35		
코코아 분말	15	설탕	35		
베이킹파우더	3	소금	1		

제조 공정

01_준비 단계

아몬드 슬라이스를 예열된 오븐에 넣어 5분간 굽는다.

- 이 과정은 아몬드의 수분을 제거하여 바삭한 식감을 부여하고, 고소한 풍미를 극대화하는 역할을 한다.
- 로스팅 과정에서 마이야르 반응(Maillard reaction)이 일어나면서 색이 진해지고, 특유의 구수한 향이 생성된다.

02_가루재료 준비

박력분과 아몬드 분말, 베이킹파우더, 코코아 분말을 균일하게 혼합 후 체질하여 준비한다.

- 체질 과정은 입자 크기를 균일하게 하여 반죽 내에서 고르게 분포되도록 돕고, 공기층을 포함시켜 반죽의 부드러움을 향상시키는 역할을 한다.
- 베이킹파우더는 굽는 동안 반죽을 부풀게 하는 팽창제로 작용하며, 코코아 분말은 초콜릿 풍미를 강화한다.

03_재료 혼합

1. 두유에 설탕과 소금을 넣고 주걱을 사용하여 균일하게 섞는다.

2. 두유 혼합물에 오일을 넣고 유화될 때까지 섞는다.

- 설탕은 단맛을 부여할 뿐만 아니라, 반죽 내에서 수분을 유지하여 촉촉한 질감을 만든다.
- 소금은 단맛을 더욱 강조하고, 재료의 맛을 조화롭게 해주는 역할을 한다.
- 오일은 반죽의 부드러움을 유지하는 데 기여하며, 유화 과정을 통해 반죽이 균일하게 섞이도록 한다.
- 유화 과정에서는 수분(두유)과 지질(오일)이 균일하게 섞여, 반죽의 질감을 매끄럽게 만드는 역할을 한다.

1. 체질한 가루재료를 넣고 주걱을 이용하여 자르듯이 섞는다.

2. 가루재료가 고르게 섞이고 날가루가 보이지 않으면 전처리한 아몬드 슬라이스를 추가하여
   손으로 한 덩어리로 만든다.

- 과정 1에서 글루텐이 과도하게 형성되지 않도록 해야 하며, 과도한 반죽은 질긴 식감을 유발할 수 있다.

완성된 반죽을 사각형 모양으로 정리하고 유산지로 싼 후, 냉장고에서 30분간 휴지시킨다.

- 휴지 과정에서 반죽 내 수분이 균일하게 퍼지며, 성형 과정에서 부스러지는 것을 방지하고 조직을 안정화한다.
- 냉각된 상태의 반죽은 굽는 동안 퍼지는 현상을 줄여 일정한 형태를 유지하도록 돕는다.

04_팬닝 및 굽기

휴지가 끝난 반죽을 자른 후, 형태 유지하며 팬닝하기

1. 휴지가 끝난 반죽을 설탕에 굴려 겉면에 설탕을 묻힌다.

2. 칼을 이용하여 1cm 두께로 잘라 팬닝한다.

- 유지가 많아 촉촉한 반죽으로 따로 물 바르기를 할 필요가 없다.
- 적절한 크기로 자르는 과정은 제품의 균일한 익힘과 완성도를 높이는 데 중요하다.

윗불 170℃, 아랫불 160℃로 예열한 오븐에 넣고 20분간 굽는다.

- 오븐 내에서 열이 가해지면 베이킹파우더가 작용하여 반죽이 팽창하고, 반죽 속의 수분이 증발하면서 바삭한
  식감이 형성된다.
- 이 과정에서 오일이 코팅 역할을 하여 수분 증발을 조절하고, 표면이 부드럽게 구워지도록 한다.
- 코코아 분말이 함유된 반죽은 열을 받으면 색이 더욱 진해지고, 초콜릿의 깊은 풍미가 강조된다.

얼그레이 사블레

(Earl Grey Sablé)

제품의 특징

01_ 얼그레이의 향긋한 풍미

- 얼그레이 찻잎이 들어가 고급스럽고 은은한 홍차 향을 느낄 수 있는 사블레이다.

02_ 비건 친화적, 바삭한 식감, 설탕 코팅

- 유제품을 사용하지 않고 비건 버터로 만든 비건 친화적 쿠키이다.

- 겉은 바삭하면서도 속은 부드러운 전형적인 사블레 식감을 유지한다.

- 반죽을 설탕에 굴려 구워내어, 겉은 달콤하고 바삭한 코팅을 제공한다.

03_ 간단한 제작 과정

- 간단한 비건 재료와 공정을 통해 비건이나 유제품을 피하는 사람들도 쉽게 즐길 수 있는 건강한 간식이다.

- 비교적 간단한 과정으로 집에서도 쉽게 고급 디저트를 만들 수 있는 레시피이다.

영양학적 효능

01_ 얼그레이 찻잎의 항산화 성분

- 얼그레이 찻잎에는 항산화제인 카테킨과 플라보노이드가 포함되어 세포 손상 방지와 심혈관 건강 개선에 도움이 될 수 있다.

02_ 각 재료의 역할 - 비건 버터, 적은 설탕, 소량의 소금

- 비건 버터는 포화지방이 적고 콜레스테롤이 없는 대안으로, 심혈관 건강을 유지하는 데 유익하다.

- 비교적 설탕 함량이 낮아, 과도한 당분 섭취를 줄이면서도 달콤한 맛을 즐길 수 있다.

- 소금이 소량 들어가, 단맛과 짠맛의 균형을 맞추어 맛을 더욱 풍부하게 만든다.

재료 준비

- A(가루재료)와 B(액체 및 그 외 재료), 충전물을 준비한다.
- 설탕과 소금은 하나의 볼에 계량한다.

배합표

<table>
<tr><td colspan="2" align="center">A</td><td colspan="2" align="center">B</td><td colspan="2" align="center">충전물</td></tr>
<tr><td>재 료 명</td><td>무 게(g)</td><td>재 료 명</td><td>무 게(g)</td><td>재 료 명</td><td>무 게(g)</td></tr>
<tr><td>박력분</td><td>95</td><td>비건 버터</td><td>45</td><td>얼그레이 찻잎</td><td>2</td></tr>
<tr><td></td><td></td><td>설탕</td><td>40</td><td></td><td></td></tr>
<tr><td></td><td></td><td>소금</td><td>1</td><td></td><td></td></tr>
<tr><td></td><td></td><td>물</td><td>16</td><td></td><td></td></tr>
</table>

제조 공정

01_준비 단계

1. 비건 버터는 상온 보관하여 사용하기 용이하도록 준비한다.

2. 얼그레이 찻잎의 입자가 큰 경우, 미리 블렌더 등에 갈아 준비한다.

- 비건 버터는 일반 버터와 달리 식물성 오일을 기반으로 제조되므로, 냉장 상태에서는 단단하고 실온에서는 빠르게 연화된다. 따라서 사용하기 전 상온에서 충분히 보관하여 부드러운 상태로 만들어야 반죽과 균일하게 섞일 수 있다.
- 얼그레이 찻잎의 입자가 크면 반죽에 고르게 분포되지 않아 균일한 맛과 식감을 얻기 어렵다. 이를 방지하기 위해 블렌더나 절구를 사용하여 곱게 갈아주면 차향이 반죽에 더 잘 스며들고, 쿠키 표면이 매끄럽게 형성된다.

02_가루재료 준비

박력분을 체질하여 준비한다.

- 박력분은 입자가 고운 밀가루로, 글루텐 함량이 낮아 바삭한 쿠키 조직을 형성하는 데 적합하다.
- 체질 과정을 거치면 덩어리를 풀어주고 공기를 포함시켜 반죽이 고르게 섞이도록 도와준다.

03_재료 혼합

비건 버터 넣고 재료 섞기

1. 중간 크기의 볼에 상온 상태의 비건 버터를 넣고 설탕과 소금을 함께 넣어 주걱으로 잘 섞는다.

2. 물을 넣고 재료들이 부드럽게 잘 섞이도록 한다.

- 설탕 입자가 비건 버터에 고르게 퍼지면서 쿠키의 바삭한 식감을 형성하는 데 기여하며, 소금은 단맛을 더욱 강조하는 역할을 한다.
- 물을 넣으면 반죽이 부드럽게 섞이는데, 이는 비건 버터의 유화 성질이 수분을 머금어 재료가 잘 결합하도록 돕기 때문이다.
- 이 과정에서 유화가 제대로 이루어지지 않으면 반죽이 균일하게 섞이지 않고, 구운 후 조직이 균일하지 않을 수 있다.

체로 친 박력분 섞기

1. 체로 친 박력분을 넣고 주걱을 이용해 자르듯이 섞는다.

2. 80% 정도 섞였을 때 얼그레이 찻잎을 넣어 마지막으로 가볍게 섞는다.

3. 날가루가 보이지 않은 상태가 되면 한 덩어리가 되도록 손으로 뭉친다.

- 반죽을 지나치게 치대면 글루텐이 형성되어 쿠키가 질겨질 수 있으므로, 가볍게 섞어야 한다.

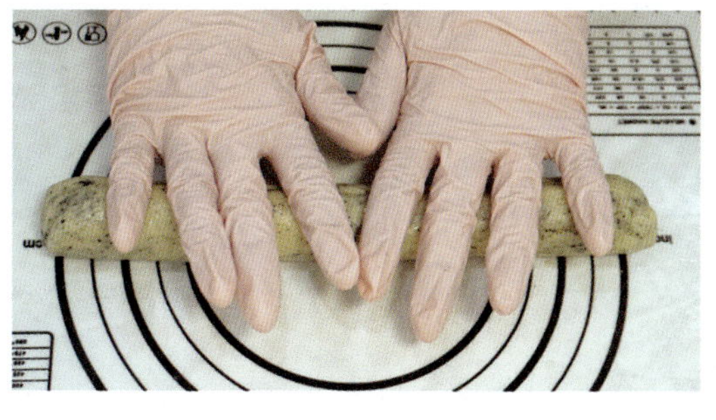 

1. 반죽을 원통형으로 성형한다.

2. 유산지를 씌운 후 냉동실에서 30분간 휴지한다.

- 냉동 휴지 과정에서는 반죽 속 지방이 단단해지면서 형태를 유지하는 데 도움을 주며, 성형 후 절단 과정에서도 모양이 무너지지 않도록 한다.

  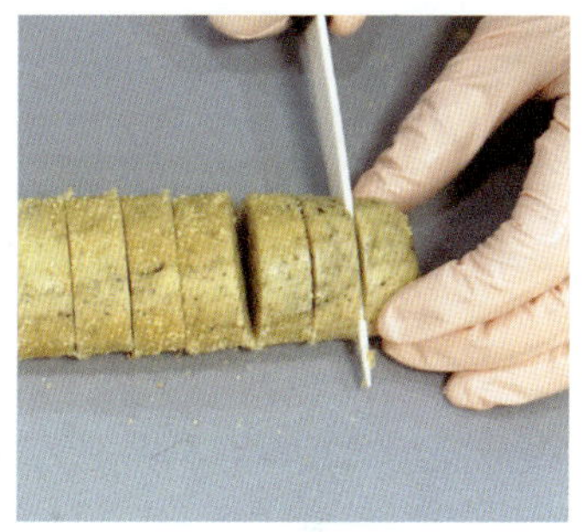

1. 휴지가 끝난 반죽의 표면에 붓으로 물을 바르고 설탕을 묻힌다.

2. 식칼을 이용하여 1.5cm 두께로 균일하게 자른 후 팬닝한다.

- 설탕 코팅은 구운 후 겉면에 바삭한 크러스트를 형성하며, 사블레 특유의 식감을 강조하는 역할을 한다.
- 일정한 두께로 자르면 열이 고르게 전달되어 균일한 식감과 색을 얻을 수 있다.

1. 윗불 170℃, 아랫불 160℃로 예열한 오븐에 넣고 20~25분간 구움색이 날 때까지 굽는다.

2. 마무리한 후 적절히 보관한다.

- 이 과정에서 반죽 속 지방이 녹으면서 층이 형성되고, 설탕이 녹아 표면이 캐러멜화되며 특유의 바삭한 식감과 풍미를 더한다.
- 쿠키의 색이 노릇하게 변하면 완성된 것으로 판단할 수 있으며, 과도하게 구울 경우 단단해질 수 있으므로 주의해야 한다.
- 구운 사블레는 충분히 식힌 후 밀폐 용기에 보관하면 수분 증발을 방지하여 바삭한 식감을 유지할 수 있다.
- 서늘하고 건조한 곳에서 보관하면 풍미를 오래 유지할 수 있으며, 장기간 보관할 경우에는 냉동 보관도 가능하다.

사블레의 역사와 문화

사블레(Sablé)는 프랑스 북서부 노르망디 지방의 소도시인 '사블레-쉬르-사르트(Sablé-sur-Sarthe)'에서 유래한 전통적인 비스킷으로, 이름 또한 이 지역명에서 비롯되었다. 프랑스어로 '사블레(Sablé)'는 '모래 같은'이라는 뜻이며, 이는 사블레 특유의 부드럽고 바삭하며 입안에서 부서지는 모래 같은 식감을 잘 나타낸 표현이다.

사블레는 17세기 프랑스 궁정 요리에서 처음 등장한 것으로 알려져 있으며, 당시에는 귀족들의 디저트로 사랑받았다. 특히, 프랑스 루이 14세 시대에 사블레 지역의 한 귀부인이 이 비스킷을 궁정에 선보이면서 널리 퍼졌다는 이야기가 전해진다. 이후 사블레는 프랑스 전역에서 사랑받는 전통 과자로 자리 잡았고, 오늘날까지도 프랑스인들의 애정 어린 간식으로 즐겨지고 있다.

문화적으로 사블레는 단순한 과자를 넘어 프랑스인의 일상과 함께하는 디저트 문화의 상징이라 할 수 있다. 티타임이나 소박한 가정의 다과상, 혹은 고급 디저트 플레이트의 구성 요소로도 자주 등장하며, 버터 풍미를 강조한 레시피를 통해 지역 특산물과 연결되기도 한다.

현대에는 다양한 변형이 생겨 초콜릿, 견과류, 향신료 등을 더한 사블레도 개발되고 있으며, 세계적으로도 프랑스식 쿠키의 대표 주자로 알려져 많은 나라의 디저트 문화에 영향을 주고 있다. 사블레는 프랑스의 디저트 역사 속에서 버터를 중심으로 한 풍부한 맛과 섬세한 식감을 통해 고유의 정체성을 유지하면서도 끊임없이 재해석되고 있는 과자이다.

감자 올리브 쿠키

(Potato Olive Cookies)

제품의 특징

01_ 감자와 올리브의 독특한 조합

- 감자와 블랙 올리브가 들어가 고소하면서도 독특한 풍미를 느낄 수 있는 쿠키이다.

- 찐 감자가 들어가 쿠키가 부드럽고 촉촉한 식감을 유지할 수 있다.

02_ 비건 친화적

- 두유와 올리브유를 사용해 유제품과 동물성 재료를 배제한 비건 쿠키이다.

- 통밀가루를 사용하여 식이섬유가 풍부하고, 일반 밀가루보다 건강에 좋은 대안이 된다.

03_ 소금과 파슬리로 균형 잡힌 맛

- 소금과 파슬리가루가 더해져 짭조름하면서도 상쾌한 맛을 제공한다.

영양학적 효능

01_ 감자의 영양소 및 올리브유의 건강한 지방

- 감자는 비타민 C와 식이섬유가 풍부해 면역력 강화와 소화 기능에 도움을 준다.

- 올리브유는 불포화지방산이 풍부해 심혈관 건강에 유익하며, 항염증 효과가 있다.

02_ 통밀가루의 식이섬유, 블랙 올리브의 항산화 효과

- 통밀가루는 식이섬유가 풍부하여 소화 기능 개선과 혈당 조절에 기여할 수 있다.

- 블랙 올리브에는 비타민 E와 항산화 성분이 포함되어 있어, 세포 손상 방지와 피부 건강에 도움이 된다.

03_ 저지방 · 저칼로리

- 감자와 두유, 올리브유로 만들어진 이 쿠키는 포화지방과 칼로리가 낮아 건강한 간식으로 적합하다.

재료 준비

- A(가루재료)와 B(액체 및 그 외 재료), 충전물을 준비한다.
- 가루재료는 하나의 볼에 계량하고, 다른 볼에 설탕과 소금을 계량한다.

배합표

A		B		충전물	

재 료 명	무 게(g)
중력분	140
통밀가루	40
베이킹파우더	4

재 료 명	무 게(g)
두유	40
설탕	30
올리브유	50
소금	3

재 료 명	무 게(g)
삶은 감자	200
블랙 올리브	8
파슬리가루	2

제조 공정

01_준비 단계

1. 감자는 깨끗하게 씻은 후 껍질을 벗겨 삶는다.

2. 포슬포슬하게 삶아진 감자를 으깨어 준비한다.

- 감자는 전분 함량이 높아 수분을 흡수하는 특성이 있으므로 깨끗하게 씻은 후 껍질을 벗겨 삶는다.
- 삶을 때 감자의 조직이 부드러워지고 전분이 젤화되면서 포슬포슬한 질감이 형성된다. 삶은 감자를 으깨면 반죽에 균일하게 섞일 수 있다.

블랙 올리브는 물기를 제거한 후 4등분하여 준비한다.

- 블랙 올리브는 수분이 많아 반죽에 직접 넣으면 질어질 수 있으므로, 물기를 충분히 제거한 후 4등분하여 준비한다.

02_가루재료 준비

중력분과 통밀가루, 베이킹파우더는 체질하여 준비한다.

- 중력분과 통밀가루는 글루텐 형성에 관여하는 성분 함량이 다르므로 적절한 비율을 이루도록 사용한다.
- 중력분은 적당한 글루텐을 제공하며, 통밀가루는 풍미와 식이섬유를 더해준다.
- 베이킹파우더는 열과 수분이 가해지면 이산화탄소를 발생시켜 반죽을 팽창시키는 역할을 한다.
- 체질 과정을 거치면 가루 입자가 고르게 섞이고, 공기층이 형성되어 반죽의 부드러움을 높일 수 있다.

03_재료 혼합

두유에 설탕과 소금을 넣고 주걱을 이용해 설탕이 완전히 녹을 때까지 잘 섞는다.

- 설탕은 단맛을 부여할 뿐만 아니라, 반죽의 수분을 조절하고 쿠키의 조직감을 부드럽게 한다.
- 소금은 맛의 균형을 맞추는 역할을 한다.

두유 혼합물에 오일을 넣고 충분히 섞어 유화(emulsification) 과정을 거친다.

- 오일이 액체 상태이므로 반죽의 유연성을 높이며, 유화 과정에서 균일한 혼합 상태를 유지하여 쿠키의 식감을 개선한다.

체질한 가루재료를 넣고 주걱으로 자르듯이 섞는다.

- 이 과정에서 글루텐이 과도하게 형성되지 않도록 주의해야 하며, 주걱을 사용해 가볍게 섞어야 한다.

반죽이 80% 정도 섞이면 으깨어 식혀둔 감자와 블랙 올리브, 파슬리가루를 넣고, 한 덩어리가 되도록 섞는다.

- 감자는 반죽에 수분을 보충하며 조직감을 부드럽게 한다.
- 블랙 올리브는 특유의 감칠맛과 짭짤한 풍미를 더해준다.

04_팬닝 및 굽기

1. 완성된 반죽을 약 50g씩 10등분하여 균일한 크기로 나눈다.

2. 반죽을 동그랗게 굴린 후 테프론 시트가 깔린 오븐 팬에 팬닝한다.

- 과정 1은 굽는 동안 열이 고르게 전달되도록 하기 위함이다.
- 테프론 시트는 반죽이 팬에 달라붙는 것을 방지하며, 열이 균일하게 전달되도록 도와준다.

윗불 180℃, 아랫불 170℃로 예열한 오븐에 넣고 15~20분간 굽는다.

- 오븐 내부의 온도 차이를 고려해 윗불과 아랫불의 온도를 다르게 설정하여 예열하며, 이 과정에서 베이킹파우더가 활성화되어 쿠키가 팽창한다.
- 구워지는 동안 감자 전분이 추가로 젤화되면서 내부 조직이 촉촉해지고, 표면의 오일 성분이 증발하면서 바삭한 질감을 형성한다.
- 완성된 감자 올리브 쿠키는 감자의 부드러움과 올리브의 짭짤한 풍미가 조화를 이루며, 통밀가루의 고소한 맛과 함께 건강한 쿠키로 즐길 수 있다.

비건 쿠키의 역사와 문화

비건 쿠키의 역사는 비건 식생활의 확산과 더불어 발전해왔다. 전통적으로 쿠키는 우유, 버터, 달걀과 같은 동물성 재료를 포함하는 경우가 많았으나, 채식주의자와 비건 인구의 증가에 따라 이러한 재료를 식물성 원료로 대체한 레시피가 개발되기 시작하였다. 특히 20세기 후반, 건강과 환경, 동물복지에 대한 인식이 높아지면서 미국과 유럽을 중심으로 비건 베이킹 문화가 형성되었고, 이에 따라 비건 쿠키도 하나의 독립된 카테고리로 자리 잡았다.

비건 쿠키는 단순히 동물성 재료를 사용하지 않는다는 점에서 그치지 않고, 유기농 재료, 정제되지 않은 설탕, 통밀가루, 오트밀, 견과류, 식물성 오일 등을 사용하여 건강한 간식으로 인식되고 있다. 또한, 유당 불내증이나 알레르기 등을 겪는 사람들에게도 안전한 선택지로 주목받으며 대중성과 다양성을 동시에 갖추게 되었다.

문화적으로 비건 쿠키는 단순한 식품을 넘어 비건 철학을 실천하고 공유하는 상징적인 매개체가 되기도 한다. SNS와 블로그를 통해 개인의 레시피가 전파되며 하나의 공동체적 문화를 형성하고 있으며, 다양한 인종과 문화권에서 비건 쿠키가 자신들만의 방식으로 재해석되고 있다. 예를 들어, 중동 지역에서는 대추야자와 견과류를 이용한 비건 쿠키가 만들어지고, 아시아에서는 두유나 흑설탕, 쌀가루 등을 사용한 비건 스타일이 발전하고 있다.

이처럼 비건 쿠키는 단순한 디저트를 넘어선 문화적, 윤리적 흐름의 산물이며, 지속 가능성과 건강한 삶을 향한 사회적 움직임 속에서 앞으로도 계속해서 진화해 나갈 것이다.

무화과 시나몬 스콘

(Fig Cinnamon Scones)

제품의 특징

01_ 비건 베이킹 및 자연스러운 단맛

- 우유, 버터, 달걀을 사용하지 않고 두유와 오일을 활용하여 만든 비건 친화적인 스콘이다.
- 반건조 무화과의 천연 당분을 활용하여 인공적인 단맛을 최소화하였다.
- 설탕 사용량을 줄이면서도 무화과의 깊은 과일 풍미를 살렸다.

02_ 풍부한 향과 맛의 조화

- 시나몬의 따뜻하고 향긋한 풍미가 더해져 깊은 맛을 형성한다.
- 아몬드 분말이 추가되어 고소함과 부드러움을 높였다.

03_ 바삭하면서도 촉촉한 식감

- 외부는 바삭하고 내부는 촉촉한 조직감을 유지한다.
- 오일과 두유의 적절한 배합으로 지방의 촉감과 맛이 뛰어나다.

영양학적 효능

01_ 무화과의 효능

- **식이섬유 풍부** : 펙틴이 다량 함유되어 있어 장 건강 개선과 변비 예방에 도움을 준다.
- **항산화 성분 포함** : 폴리페놀과 플라보노이드가 풍부하여 노화 방지 및 면역력 강화에 기여한다.
- **칼슘 및 칼륨 공급** : 뼈 건강 유지 및 혈압 조절에 유익하다.
- **천연 당분 제공** : 혈당을 급격히 올리지 않는 저혈당지수(GI)를 가진 건강한 단맛을 제공한다.

02_ 시나몬의 효능

- **강력한 항산화 효과** : 폴리페놀 성분이 활성산소를 제거하여 세포 손상을 방지한다.

- **혈당 조절 기능** : 인슐린 감수성을 높여 혈당 스파이크를 방지하는 역할을 한다.

- **항염 작용** : 면역력 강화 및 신체 염증 감소에 기여한다.

- **소화 기능 촉진** : 위장 운동을 도와 소화를 원활하게 한다.

03_ 아몬드 분말의 효능

- **건강한 지방 공급** : 불포화지방산이 풍부하여 혈관 건강을 돕는다.

- **비타민 E 포함** : 피부 건강 유지 및 항산화 작용을 한다.

- **단백질 및 미네랄 함유** : 근육 유지 및 신경 기능 강화에 도움을 준다.

04_ 두유의 효능

- **식물성 단백질 공급** : 근육 형성 및 신체 대사 촉진 효과가 있다.

- **이소플라본 함유** : 골다공증 예방 및 피부 건강 유지에 기여한다.

- **유당 불내증 해결** : 우유 대신 두유를 사용하여 소화 부담을 줄이고, 소화기 건강을 보호한다.

재료 준비

- A(가루재료)와 B(액체 및 그 외 재료), 충전물과 장식재료를 준비한다.
- 가루재료는 하나의 볼에 담아 계량하고, 다른 볼에 설탕과 소금을 계량한다.

배합표

A	
재 료 명	무 게(g)
박력분	85
시나몬 분말	15
아몬드 분말	25
베이킹파우더	5

B	
재 료 명	무 게(g)
두유	50
오일	35
레몬즙	5
설탕	20
소금	2

충전물 및 장식	
재 료 명	무 게(g)
반건조 무화과	20
장식용 무화과	2개

제조 공정

01_준비 단계

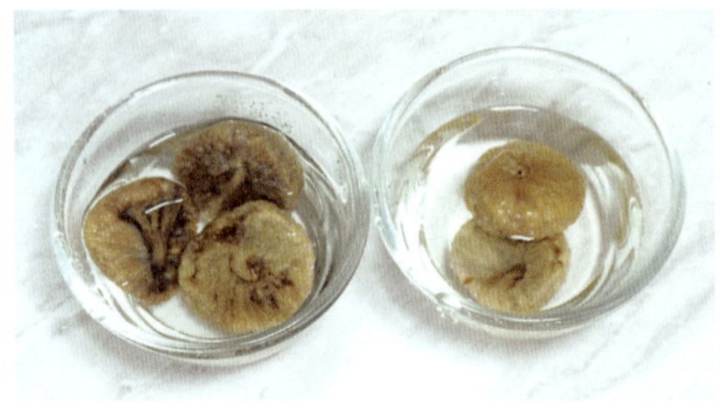 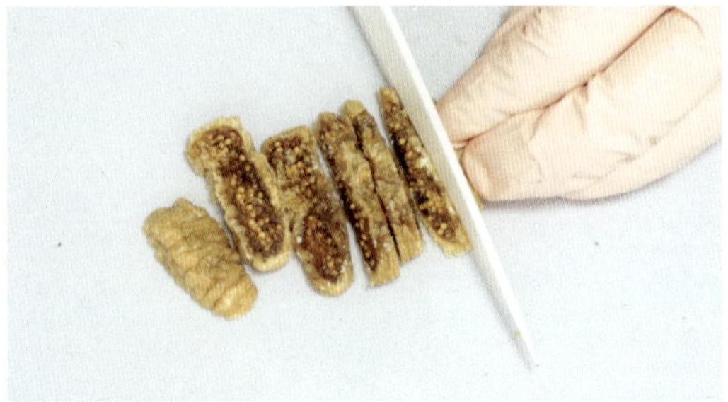

1. 반건조 무화과는 27℃의 물에 20분간 담가둔다.

2. 반죽에 넣을 반건조 무화과는 물기를 제거한 후 잘게 썰어 준비한다.

- 반건조 무화과를 27℃의 물에 20분간 담가두는 이유는 수분을 보충하여 질감을 부드럽게 만들고, 반죽 내에 균일하게 분포되도록 하기 위함이다.
- 너무 뜨거운 물을 사용하면 무화과의 당 성분이 빠져나가고 조직이 무너질 수 있으므로 미지근한 온도가 적절하다.
- 물기를 충분히 제거하지 않으면 반죽에 수분이 과도하게 첨가되어 점성이 증가하고 조직이 퍼질 수 있다.

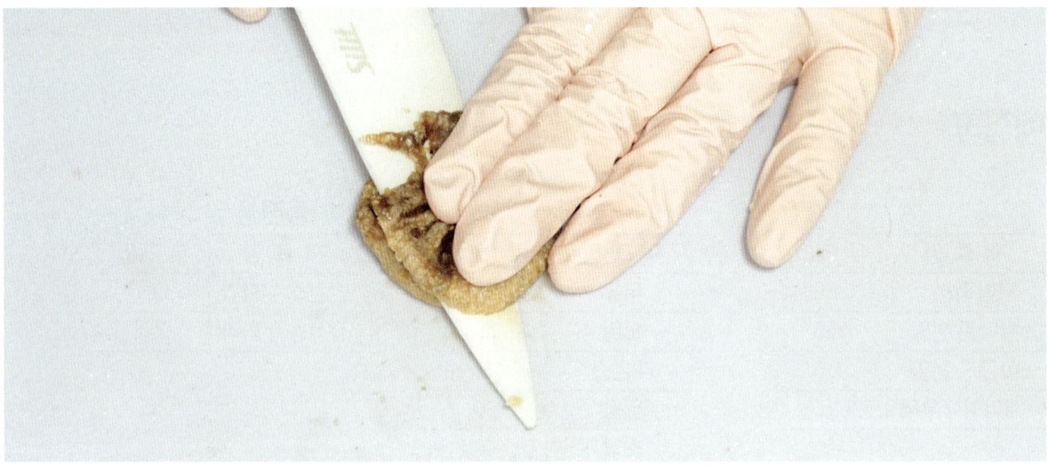

장식용 무화과는 반으로 잘라 준비한다.

- 반으로 잘라 준비한 장식용 무화과는 스콘 표면에서 시각적, 식감적 요소를 강조한다.

두유에 레몬즙을 넣고 섞어 비건 달걀화를 시킨다.

- 두유 단백질(주로 소이 프로틴)은 산과 만나면 응고하여 걸쭉한 상태로 변한다. 이 과정은 달걀을 사용하는 전통 레시피에서 달걀이 제공하는 폭신한 질감과 구조를 대체하는 역할을 한다.
- 두유 단백질 응고의 균형을 맞추기 위해 소금을 나중에 첨가하면 자연스러운 반응을 유지하며 맛 조화를 도모할 수 있다.

02_가루재료 준비

박력분과 아몬드 분말, 시나몬 분말, 베이킹파우더를 체질하여 준비한다.

- 체질은 가루 입자를 균일하게 만들어 반죽 시 덩어리지지 않도록 하며, 베이킹파우더를 고르게 분포시켜 팽창 효과를 최적화한다. 또한, 공기를 포함시켜 가벼운 식감을 유지하도록 한다.
- 아몬드 분말은 지방 함량이 높아 스콘의 부드러움과 풍미를 증가시킨다.

03_재료 혼합

1. 몽글몽글해진 두유에 설탕과 소금을 넣고 거품기를 이용하여 설탕이 녹을 정도로 섞는다.

2. 두유 혼합물에 오일을 천천히 넣고 완전히 유화시킨다.

- 설탕이 녹는 과정에서 수분이 증가하여 반죽 내의 균일한 수화(hydration)를 돕고, 소금은 글루텐 구조를 적절히 조절하는 역할을 한다.
- 오일이 두유와 잘 섞이도록 하기 위해 천천히 혼합해야 하며, 빠르게 넣으면 층 분리가 발생할 수 있다.
- 유화 과정이 잘 이루어지면 반죽이 균일해지고 촉촉한 조직을 유지할 수 있다.

체질하여 준비한 가루재료를 두유 혼합물에 넣고 주걱을 이용하여 80% 정도 섞는다.

- 반죽을 너무 오래 섞으면 글루텐이 형성되어 스콘이 질겨질 수 있다.

 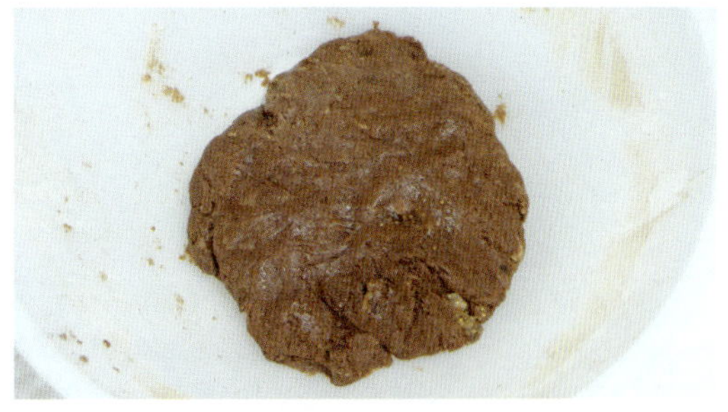

1. 준비한 무화과를 넣고 한 덩어리로 만든다.

2. 한 덩어리가 된 반죽은 유산지를 이용하여 싸준 후 냉장고에서 30분간 휴지시킨다.

- 가루가 살짝 남아있는 상태에서 무화과를 넣고 한 덩어리로 만들어 섞어야 결이 무너지지 않는다.
- 휴지의 목적은 밀가루 내 글루텐 결합이 완화되어 조직을 부드러워지게 하고, 가루재료가 수분을 충분히 흡수하여
  반죽이 균일하게 결합되도록 하는 것으로, 반죽이 차가워지면서 스콘의 형태 유지가 용이해진다.

04_팬닝 및 굽기

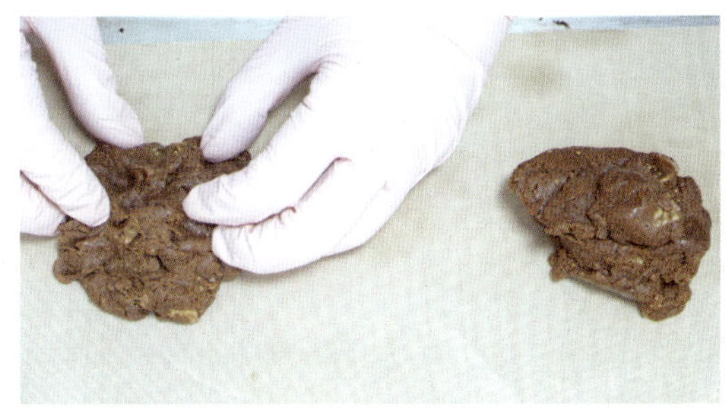 

1. 휴지가 끝난 반죽을 4등분(약 65g씩)한다.

2. 반죽을 투박한 모양으로 만든 후 팬닝한다.

- 반죽을 투박한 모양으로 가볍게 성형하는 이유는 스콘 특유의 바삭하면서도 부드러운 결을 유지하기 위함이다.
- 손으로 과도하게 만지면 오일과 밀가루의 조합이 무너져 바삭한 식감을 해칠 수 있다.

1. 윗면에 반으로 자른 무화과를 올린다.

2. 윗불 190℃, 아랫불 170℃로 예열한 오븐에 넣고 20~25분간 굽는다.

- 온도 조절을 통해 내부 수분 증발과 팽창을 최적화하여 바삭하면서도 부드러운 스콘을 완성한다.

스콘의 역사와 비건 연결

스콘은 영국에서 유래한 대표적인 티푸드로, 16세기경 스코틀랜드에서 처음 등장한 것으로 전해진다. 당시의 스콘은 오늘날처럼 부풀어 오른 빵 형태가 아니라, 귀리 가루로 만든 납작한 케이크 형태였으며, 철판이나 돌판에서 구워 먹는 간단한 음식이었다. 이후 밀가루의 보급과 함께 레시피가 변화하면서 베이킹파우더를 사용한 가벼운 질감의 스콘으로 발전하였다. 특히 19세기 영국의 빅토리아 여왕 시대에는 '애프터눈 티' 문화가 확산되며 스콘은 차와 곁들여 먹는 대표적인 간식으로 자리 잡게 되었다. 이 시기를 기점으로 스콘은 영국은 물론 전 세계로 퍼지게 되었으며, 각 지역의 입맛과 재료에 맞추어 다양한 형태로 발전하였다.

스콘은 본래 버터, 우유, 달걀, 때로는 크림을 활용하여 만드는 것이 일반적이지만, 최근에는 건강과 윤리적 소비에 대한 관심이 높아지면서 비건 스콘으로의 변형이 활발히 이루어지고 있다. 동물성 재료를 식물성 재료로 대체하여 만든 비건 스콘은 전통적인 맛과 식감을 해치지 않으면서도 환경과 동물 복지를 고려한 선택이 될 수 있다. 예를 들어 버터 대신 코코넛 오일이나 식물성 마가린을, 우유 대신 귀리 우유나 아몬드 우유를 사용하는 식이다. 이러한 변화는 스콘이 단순한 영국식 간식을 넘어, 현대인의 가치관과 식생활 변화를 반영한 지속 가능한 음식으로 거듭나고 있음을 보여준다.

말차 초코칩 휘낭시에

(Matcha Choco Chip Financier)

제품의 특징

01_ 말차와 초코칩의 조화

- 말차 분말과 초코칩이 어우러져 쌉싸름한 말차의 맛과 달콤한 초콜릿의 조화를 즐길 수 있는 휘낭시에이다.

02_ 비건 재료 및 쌀가루 사용

- 두유와 메이플 시럽을 사용해 유제품과 달걀을 배제한 비건 휘낭시에로, 비건 식단을 따르는 사람들에게 적합한 디저트이다.
- 쌀가루를 사용하여 글루텐이 없는 휘낭시에로, 글루텐 불내증이 있는 사람들도 부담 없이 즐길 수 있다.

03_ 부드럽고 촉촉한 식감

- 두유와 아몬드 분말이 들어가 부드럽고 촉촉한 식감을 유지하며, 초코칩이 씹히는 재미를 더한다.

04_ 간편한 제조 공정

- 재료를 섞고 짤주머니에 넣어 구워내는 간단한 과정으로 홈베이킹 초보자도 쉽게 만들 수 있는 디저트이다.

영양학적 효능

01_ 말차의 항산화 효과 및 아몬드 분말의 영양소

- 말차에는 항산화제인 카테킨이 풍부하여, 세포 손상 방지와 심혈관 건강 개선에 도움을 줄 수 있다.
- 아몬드 분말은 비타민 E, 단백질, 식이섬유가 풍부하여 피부 건강과 포만감 유지, 소화 기능 개선에 기여한다.

02_ 두유의 식물성 단백질, 메이플 시럽의 천연 단맛

- 두유는 식물성 단백질과 칼슘을 함유하고 있어 뼈 건강과 근육 형성에 도움이 된다.
- 메이플 시럽은 천연 감미료로, 혈당지수를 낮추고 영양소가 풍부한 대안 감미료이다.

03_ 글루텐 프리 대안

- 쌀가루와 전분을 사용하여 글루텐 민감증이나 알레르기가 있는 사람들도 부담 없이 즐길 수 있는 건강한 디저트이다.

재료 준비

- A(가루재료)와 B(액체 및 그 외 재료), 충전물과 장식재료를 준비한다.
- 가루재료는 하나의 볼에 담아 계량하고, 다른 볼에 설탕과 소금, 메이플 시럽과
  바닐라 에센스를 계량한다.

배합표

<table>
<tr><td colspan="2" align="center">A</td><td colspan="2" align="center">B</td><td colspan="2" align="center">충전물</td></tr>
<tr><td>재 료 명</td><td>무 게(g)</td><td>재 료 명</td><td>무 게(g)</td><td>재 료 명</td><td>무 게(g)</td></tr>
<tr><td>아몬드 분말</td><td>50</td><td>두유</td><td>96</td><td>초코칩</td><td>20</td></tr>
<tr><td>박력분</td><td>50</td><td>레몬즙</td><td>3</td><td></td><td></td></tr>
<tr><td>말차 분말</td><td>5</td><td>메이플 시럽</td><td>8</td><td colspan="2" align="center">장식</td></tr>
<tr><td>전분</td><td>20</td><td>소금</td><td>1</td><td>재 료 명</td><td>무 게(g)</td></tr>
<tr><td>베이킹파우더</td><td>3</td><td>설탕</td><td>46</td><td>토핑용 초코칩</td><td>5</td></tr>
<tr><td></td><td></td><td>바닐라 에센스</td><td>1</td><td></td><td></td></tr>
</table>

제조 공정

01_준비 단계

휘낭시에의 초코칩은 비건용 초코칩을 사용한다.

- 비건 초코칩은 우유 성분이 포함되지 않은 제품으로, 카카오 매스와 식물성 오일을 기반으로 만들어진다.
- 초코칩 성분 중 하나인 레시틴이 해바라기 레시틴 또는 대두 레시틴인 제품을 사용한다.

두유에 레몬즙을 넣고 섞어 비건 달걀화를 시킨다.

- 두유에 레몬즙을 넣어 섞으면 두유 내 단백질이 응고되며 약간의 걸쭉한 질감을 형성한다.
- 이는 유제품을 사용하지 않는 비건 베이킹에서 달걀을 대체하는 과정으로, 반죽의 부드러운 조직 형성에
  도움을 준다.

휘낭시에 틀에 붓을 이용하여 오일을 발라 준비한다.

- 휘낭시에 틀 표면에 오일을 얇게 도포하면 반죽이 틀에 들러붙는 것을 방지할 뿐만 아니라, 구워졌을 때 쉽게
  분리될 수 있도록 도와준다. 이때, 붓을 이용하여 고르게 바르는 것이 중요하다.

02_가루재료 준비

박력분과 아몬드 분말, 말차 분말, 전분, 베이킹파우더를 잘 섞은 후 체질하여 준비한다.

- 박력분은 낮은 글루텐 형성을 유도하여 휘낭시에 특유의 부드러운 식감을 만든다.
- 아몬드 분말은 지방 함량이 높아 반죽에 촉촉함을 더하며, 구웠을 때 고소한 풍미를 낸다.
- 말차 분말은 녹차의 쌉싸름한 맛과 향을 부여하고, 색감을 선명하게 만든다.
- 전분은 반죽의 조직을 안정화시키고, 휘낭시에 특유의 부드럽고 촉촉한 식감을 유지하는 역할을 한다.
- 베이킹파우더는 화학적 팽창제로, 반죽이 부풀어 가벼운 식감을 형성하도록 돕는다.

03_재료 혼합

1. 비건 달걀화된 두유에 설탕과 소금을 넣고 거품기를 이용하여 설탕이 녹을 때까지 섞는다.

2. 설탕이 녹은 두유 혼합물에 메이플 시럽과 바닐라 에센스를 넣고 가볍게 섞는다.

- 설탕은 반죽 내 수분을 유지하며, 굽는 과정에서 캐러멜화 반응을 일으켜 풍미를 증진시킨다.
- 소금은 전체적인 맛의 균형을 맞추고, 단맛을 강조하는 역할을 한다.
- 메이플 시럽은 천연 감미료로써 독특한 풍미와 함께 보습 효과를 제공한다.
- 바닐라 에센스는 휘낭시에의 깊은 향을 더하는 역할을 한다.

1. 체질한 가루재료를 넣고 80%까지 섞는다.

2. 초코칩을 넣고 전체적으로 균일하게 섞는다.

- 반죽을 과하게 섞으면 글루텐이 형성되어 휘낭시에가 질겨질 수 있으므로, 적절한 수준까지만 섞는 것이 중요하다.
- 초코칩을 넣고 반죽을 너무 세게 저으면 초코칩이 녹을 수 있으므로 가볍게 섞는 것이 중요하다.

완성된 반죽을 볼에 담고 랩을 씌운 뒤 30분간 냉장 휴지한다.

- 휴지 과정은 반죽 내 수분을 가루재료가 충분히 흡수할 수 있도록 돕고, 반죽의 점도를 안정화시켜 팬닝 시
  모양이 흐트러지는 것을 방지하는 역할을 한다.

04_팬닝 및 굽기

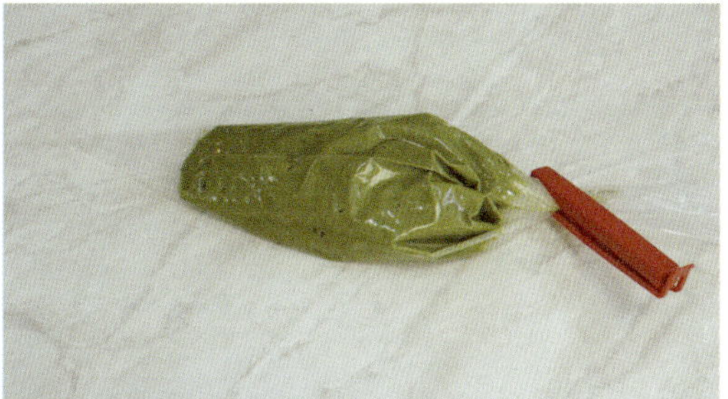

1. 냉장 휴지 후, 반죽을 가볍게 섞어 균일한 상태로 만든다.

2. 짤주머니에 반죽을 담아 휘낭시에 틀에 80%씩 채운다.

토핑용 초코칩을 반죽 표면에 올려 장식한다.

- 초코칩을 반죽 표면에 배치하면 굽는 동안 표면에서 살짝 녹아 촉촉한 식감을 더한다.

윗불 180℃, 아랫불 170℃로 예열한 오븐에 넣고 20~25분간 굽는다.

- 휘낭시에는 작은 크기의 반죽이므로 높은 온도에서 단시간 굽는 것이 중요하다.
- 베이킹 중 오븐 내에서 베이킹파우더가 활성화되며 팽창이 이루어지고, 반죽 표면의 당 성분이 캐러멜화되어 색이 형성된다.
- 적절한 굽기 시간을 준수하면 휘낭시에의 바삭한 겉면과 촉촉한 속을 유지할 수 있다.

말차, 휘낭시에와 비건

말차와 비건 문화

말차와 비건 문화는 최근 건강과 지속 가능성을 중시하는 현대인의 라이프스타일 변화 속에서 긴밀히 연결되고 있다. 말차는 전통 일본 문화에서 유래한 가루 녹차로, 찻잎 전체를 곱게 갈아 만든다. 이로 인해 일반 녹차보다 항산화 성분인 카테킨 함량이 높으며, 집중력 향상과 면역력 강화, 심신 안정에 도움을 주는 L-테아닌이 풍부하게 포함되어 있다. 이러한 말차의 영양학적 장점은 건강을 중시하는 비건 문화와 자연스럽게 어우러진다.

또한, 말차는 자연의 색과 향을 살릴 수 있어 비건 베이커리 및 카페에서 시각적·미각적 만족도를 높이는 재료로 활용되며, 건강한 디저트 문화의 중심으로 자리 잡고 있다. 이처럼 말차는 비건 문화를 실천하는 이들에게 단순한 음료를 넘어 윤리적이고 감각적인 식문화의 일부로 기능하고 있다.

휘낭시에의 역사와 비건 연결

휘낭시에는 프랑스의 전통적인 구움 과자로, 17세기경 파리의 비지탱 수도원에서 처음 만들어졌다고 전해진다. 당시에는 '비스퀴 드 랍베(biscuits de l'Abbaye)'라는 이름으로 불렸으며, 주로 수도사들이 오랜 시간 보관이 가능한 간식으로 만들어 먹었다. 이후 19세기 말, 파리의 금융가 주변 제과점에서 아몬드 가루를 사용하고 버터 풍미를 강조한 휘낭시에가 재탄생하게 되었으며, 그 모양이 금괴(gold bar)를 닮아 '휘낭시에(financier, 금융인)'라는 이름으로 불리게 되었다. 이는 바쁜 금융인들이 손에 묻히지 않고 간편하게 즐길 수 있는 간식으로도 인기를 끌었기 때문이다.

현대에 들어 식생활의 다양화와 건강, 환경, 윤리적 가치에 대한 관심이 높아지면서 비건 제과가 주목받고 있다. 이에 따라 휘낭시에 또한 비건 레시피로 재해석되기 시작하였다. 전통적으로 들어가는 동물성 재료인 버터는 식물성 마가린이나 코코넛 오일 등으로 대체되며, 달걀 흰자는 아쿠아파바(콩물)나 식물성 단백질을 활용해 유사한 식감을 구현한다. 이러한 변형은 단순히 대체를 넘어, 동물성 재료 없이도 풍부한 맛과 텍스처를 구현할 수 있다는 제과 기술의 발전을 보여준다.

비건 휘낭시에는 윤리적 소비를 지향하는 소비자뿐만 아니라 알레르기나 식이 제한이 있는 사람들에게도 매력적인 선택지로 자리 잡고 있으며, 프랑스를 비롯한 유럽 제과 시장뿐 아니라 전 세계적으로 새로운 대안 디저트로서 주목받고 있다. 이처럼 휘낭시에는 역사적 전통 위에 현대적 가치가 더해지며 지속적으로 진화하고 있다.

Chapter 02 비건 기본 케이크류

다크 초코 프로스팅

(Dark Choco Frosting)

제품의 특징

01_ 식물성 재료 활용 및 고단백 · 저지방 구성

- 두부와 두유를 사용하여 동물성 재료를 배제한 비건 프로스팅이다.

- 유지방이 포함된 일반적인 버터 크림과 달리, 가벼우면서도 크리미한 질감을 유지한다.

- 두부는 양질의 단백질을 공급하며, 근육 형성과 세포 재생을 돕는다.

- 지방 함량이 낮아 체중 관리가 필요한 사람들에게도 적합하다.

02_ 적당한 단맛과 감칠맛 조화

- 설탕 함량을 줄여 혈당 상승을 최소화하면서 다크 초콜릿의 깊은 풍미를 살리고,
  소금과 바닐라 에센스를 더해 감칠맛을 높여 균형 잡힌 맛을 제공한다.

영양학적 효능

01_ 항산화 효과

- 코코아 분말과 다크 초콜릿에는 플라보노이드와 폴리페놀이 풍부하여 강력한 항산화 작용을
  하며, 세포 손상을 예방하고 면역력을 강화하며, 피부 건강과 노화 방지에 도움을 준다.

02_ 심혈관 건강 증진 및 혈당 조절, 당뇨 예방

- 다크 초콜릿에 함유된 카카오 플라보노이드는 혈압을 낮추고 혈액 순환을 개선하는 데 도움을
  준다.

- 다크 초콜릿은 낮은 혈당지수(GI)를 가지며, 인슐린 감수성을 향상시켜 혈당 조절에 긍정적인
  영향을 미친다.

- 두유와 두부 속 이소플라본 성분이 혈중 콜레스테롤 수치를 조절하여 심혈관 질환 예방에 기여
  한다.

- 두부 속 단백질과 식물성 지방이 혈당의 급격한 상승을 억제하는 역할을 한다.

03_ 소화가 용이한 건강한 대체재

- 두유와 두부는 소화가 쉬워 위장 부담을 줄이며, 유당 불내증이 있는 사람도 섭취할 수 있으며,
  식이섬유가 풍부한 코코아 분말이 장 건강을 돕고, 변비 예방에도 효과적이다.

재료 준비

- 설탕과 소금은 하나의 볼에 계량한다.

배합표

재 료 명	무 게(g)
두부	200
코코아 분말	16
두유	32
다크 초콜릿	55
설탕	23
소금	1
바닐라 에센스	1

제조 공정

01_준비 단계

두부는 상온에서 10분간 체에 받쳐 물기를 제거한다.

- 두부는 단백질과 수분이 풍부한 재료로, 크림의 질감을 결정하는 중요한 요소이다.
- 물기를 충분히 제거하지 않으면 크림의 농도가 묽어질 수 있으므로, 상온에서 10분간 체에 받쳐 자연스럽게 배출되도록 한다.
- 물기가 제거되면 보다 꾸덕한 질감의 프로스팅을 만들 수 있다.

다크 초콜릿은 중탕 볼에 담아 중탕한다.

- 다크 초콜릿은 고형 지방(카카오 버터)과 고형 분말(코코아 분말)로 구성되어 있어 직접 가열하면 쉽게 탈 수 있다. 따라서 중탕 방식(이중 보일러)을 사용하여 부드럽게 녹여야 한다.
- 중탕할 때 물이 초콜릿에 닿으면 분리(시징) 현상이 발생할 수 있으므로 주의한다.

02_재료 혼합

1. 두유를 냄비에 옮겨 중약불로 데운다.

2. 가장자리가 끓기 시작하면 불에서 내린 후 설탕, 소금을 넣고 잘 섞는다.

- 설탕은 단맛을 부여할 뿐만 아니라 크림의 보습성을 높여 부드러운 질감을 유지하는 역할을 한다.
- 소금은 단맛을 강조하는 효과가 있어 다크 초콜릿의 풍미를 더욱 깊게 만들어준다.

중탕한 다크 초콜릿과 코코아 분말을 넣고 잘 섞은 후 믹서기에 옮겨 담는다.

- 코코아 분말을 추가하여 초콜릿의 농도를 높이고 풍미를 강화한다.
- 이 과정에서 충분히 섞어야 크림이 균일한 질감을 가지게 된다.

1. 물기를 뺀 상온의 두부와 바닐라 에센스를 넣고 곱게 갈아준다.

2. 두부와 중탕한 재료가 잘 섞여 곱게 갈리면 완성된다.

- 두부는 단백질과 지방을 포함하고 있어 초콜릿과 두유가 부드럽게 결합할 수 있도록 돕는다.
- 믹싱이 충분하지 않으면 두부 알갱이가 남아 질감이 거칠어질 수 있으므로 완전히 곱게 갈아주는 것이 중요하다.

완성된 크림은 용기에 담아 냉장고에서 사용 전까지 보관한다.

- 냉장 숙성 과정에서 초콜릿과 두부의 성분이 안정적으로 결합하여 더욱 부드럽고 조화로운 질감을 형성하게 된다.
- 사용 전에는 한 번 더 저어주면 균일한 질감의 프로스팅을 얻을 수 있다.

초코, 초콜릿, 프로스팅

초코와 초콜릿의 차이

식품위생법규의 관점에서 '초코'와 '초콜릿'은 명확하게 구분되는 개념이다.

'초콜릿'은 「식품의 기준 및 규격」에서 '코코아매스, 코코아버터 또는 이들에 식물성 유지류 등을 가공하여 제조한 것으로서, 코코아고형분 함량이 일정 기준 이상인 제품' 으로 정의되며, 함량에 따라 '밀크초콜릿', '다크초콜릿' 등 세부 분류가 존재한다. 이는 일정량 이상의 코코아 성분을 함유하고 있어야 하며, 그 함량 기준에 따라 제품명이 보호된다.

반면, '초코'는 일반적으로 초콜릿 맛을 내는 가공식품을 지칭할 때 사용되는 통칭으로, 법적 정의는 존재하지 않는다. 따라서 '초코빵', '초코케이크', '초코우유' 등으로 불리는 제품들은 실제 초콜릿 함량과는 무관하게 제품의 색이나 맛을 표현하는 마케팅 용어로 사용되는 경우가 많다. 이러한 제품에는 코코아 분말, 초콜릿 향료, 식물성 유지 등이 포함될 수 있으나, 초콜릿 제품으로 규정되기 위한 코코아 함량을 충족하지 않는 경우가 대부분이다.

결론적으로, '초콜릿'은 법적 기준과 함량 규격이 명확하게 설정된 제품인 반면, '초코'는 그러한 법적 기준 없이 관용적으로 사용되는 표현으로, 식품위생법규상 제품 표시 및 광고 시 혼동을 주지 않도록 구분하여 사용하는 것이 중요하다.

프로스팅의 역사와 비건 연결

프로스팅(Frosting)은 케이크나 쿠키, 컵케이크 등의 베이커리 제품 위에 발라 장식하거나 풍미를 더하는 당류 기반의 혼합물로, 주로 설탕, 버터, 크림치즈, 달걀 흰자, 크림 등을 이용해 만든다. 이러한 프로스팅은 고대 문명부터 단 것을 장식으로 사용한 흔적이 있으며, 현대적인 형태는 17세기 유럽에서 설탕 소비가 대중화되면서부터 본격적으로 발전하였다. 특히 18세기와 19세기에 접어들며 케이크가 결혼식이나 축제에서 중요한 상징으로 자리 잡자, 프로스팅은 그 겉모습을 꾸미는 핵심 요소로써 다양화되기 시작했다.

버터 크림, 로열 아이싱, 크림치즈 프로스팅 등은 모두 동물성 재료를 주로 사용하며 맛과 질감, 외형의 다양성을 추구해왔다. 그러나 현대에 들어 동물성 식품 소비에 대한 윤리적, 환경적, 건강적 우려가 커지면서, 비건(Vegan) 제과에서도 동물성 없이 프로스팅을 구현하려는 시도가 활발하게 이루어졌다. 식물성 마가린, 코코넛 크림, 두유나 아몬드 우유 기반 크림, 아쿠아파바(병아리콩 삶은 물) 등은 비건 프로스팅의 주요 재료로 떠오르고 있다.

이러한 비건 프로스팅은 단순한 대체재를 넘어, 새로운 식감과 풍미, 그리고 지속 가능한 베이킹 문화의 가능성을 보여주는 사례로 주목받는다. 최근에는 동물성 재료를 사용하지 않으면서도 전통적인 프로스팅 못지않은 질감과 풍미를 구현하는 레시피들이 다수 개발되어, 비건 디저트의 외형적 완성도를 한층 끌어올리고 있다. 이처럼 프로스팅은 단순한 장식의 영역을 넘어, 시대적 가치와 소비자 의식을 반영하며 진화하고 있다.

초코 머핀

(Choco Muffin)

제품의 특징

01_ 식물성 원료 기반의 비건 머핀

- 동물성 재료인 우유, 달걀, 버터를 사용하지 않고 두유와 식물성 오일로 대체하여 비건 소비자 뿐만 아니라 유당 불내증을 가진 이들도 안심하고 즐길 수 있도록 개발되었다.

02_ 촉촉하고 부드러운 식감과 풍부한 초콜릿 풍미

- 박력분과 식물성 오일의 조화는 머핀에 촉촉하고 부드러운 식감을 부여하며, 누구나 부담 없이 즐길 수 있는 텍스처를 완성한다.
- 코코아 분말을 넉넉히 사용함으로써 진하고 깊은 초콜릿의 풍미를 살렸으며, 디저트로서의 만족감을 높였다.

03_ 건강을 고려한 설계

- 두유와 레몬즙을 활용한 건강 지향적 레시피를 적용해 콜레스테롤 걱정 없이 가볍고 건강하게 즐길 수 있는 머핀을 구현하였다.

영양학적 효능

01_ 빠른 에너지 공급과 소화에 용이한 구조

- 머핀의 주재료인 박력분은 주요 탄수화물 공급원으로, 섭취 시 빠르게 에너지를 제공하며, 글루텐 함량이 낮아 소화가 비교적 쉬운 특징을 지닌다.

02_ 항산화 효과와 기분 개선

- 코코아분말은 플라보노이드와 폴리페놀 등 항산화 성분이 풍부하여 혈액순환을 개선하고 노화 방지에 도움을 줄 수 있으며, 기분을 안정시키는 데 기여하는 세로토닌 분비를 유도하는 성분도 함유하고 있다.

03_식감 개선과 소화 부담 감소

- 베이킹파우더는 반죽을 자연스럽게 부풀게 하여 부드럽고 볼륨감 있는 식감을 형성하고, 소화 기계에 부담이 적은 중성 성분으로 기능적인 안정성을 높인다.

04_ 심혈관 건강과 호르몬 균형 지원

- 두유는 식물성 단백질, 이소플라본, 식이섬유가 풍부하여 심혈관 건강을 도울 수 있으며, 특히 폐경기 여성에게는 호르몬 균형 유지에도 긍정적인 영향을 줄 수 있다.

05_ 면역력 강화와 조직감 향상

- 레몬즙은 비타민 C의 훌륭한 공급원으로 면역력 강화에 기여하며, 산성 반응을 통해 두유와 함께 작용하여 머핀의 조직을 더욱 부드럽고 탄력 있게 만들어준다.

06_ 기호성과 에너지 증진

- 적정량의 설탕은 빠른 에너지원으로 작용하며, 제품의 기호성을 높여주는 데 효과적이다. 다만, 과다 섭취는 주의가 필요하다.

07_ 건강한 지방 공급

- 식물성 오일은 피부 건강과 세포막 형성에 필요한 지방을 제공하며, 포화지방보다 인체에 부담이 적은 불포화지방산을 포함하고 있다.

08_ 맛의 균형과 수분 조절 기능

- 소금은 단맛을 강조하고 전체적인 맛의 균형을 잡아주는 역할을 한다.
- 나트륨은 체내 수분 균형 유지에 필수적인 미네랄로 작용하지만 과잉 섭취는 피해야 한다.

재료 준비

- A(가루재료)와 B(액체 및 그 외 재료)를 준비한다.
- 가루재료인 박력분과 코코아 분말, 베이킹파우더는 하나의 볼에 계량하고, 다른 볼에 설탕과 소금을 계량하여 준비한다.

배합표

A		B	
재 료 명	무 게(g)	재 료 명	무 게(g)
박력분	170	두유	250
코코아 분말	40	레몬즙	4
베이킹파우더	5	설탕	170
		오일	60
		소금	1

제조 공정

01_준비 단계

두유에 레몬즙을 넣고 섞어 약 5~10분간 두어 두유 단백질을 응고시킨다.

- 두유에 레몬즙(혹은 식초)을 첨가하고, 5~10분간 두어 비건 달걀화, 즉 두유 단백질을 응고시킨다.
- 두유 단백질(주로 소이 프로틴)은 산과 만나면 응고하여 걸쭉한 상태로 변한다. 이 과정은 달걀을 사용하는 전통 레시피에서 달걀이 제공하는 폭신한 질감과 구조를 대체하는 역할을 한다.
- 두유 단백질 응고의 균형을 맞추기 위해 소금을 나중에 첨가하면 자연스러운 반응을 유지하며 맛 조화를 도모할 수 있다.

02_가루재료 준비

박력분과 코코아 분말, 베이킹파우더를 체질하여 준비한다.

- 체질 과정은 가루를 고루 섞고 공기를 포함시켜 반죽의 균질성을 높인다. 또한, 뭉친 덩어리를 제거하여 반죽 작업이 매끄럽게 진행되도록 도와준다.
- 베이킹파우더는 열과 습기에 반응하여 이산화탄소를 방출하고, 머핀 반죽의 부피를 증가시키고 가벼운 텍스처를 형성한다.

03_재료 혼합

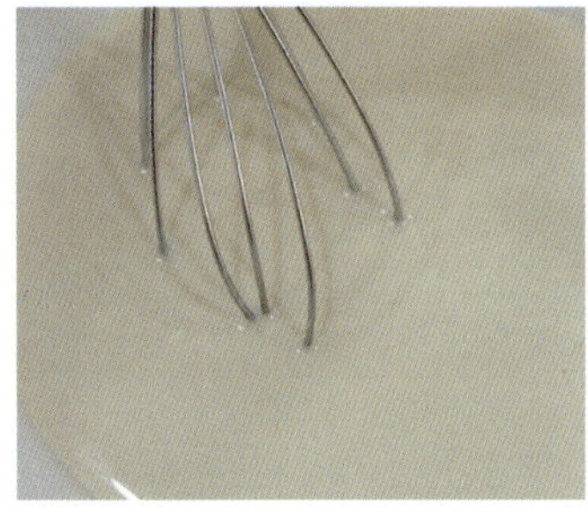  

몽글몽글해진 두유에 설탕과 소금을 넣고 거품기를 이용하여 설탕이 녹을 정도로 섞는다.

- 소금을 두유와 레몬즙을 혼합한 후에 넣으면 두유 단백질 응고를 적절히 조절할 수 있다. 이 과정은 두유의
  자연스러운 반응을 방해하지 않으면서 맛을 조화롭게 만들어준다.
- 소금은 단맛을 강화하고 전체적인 맛의 밸런스를 조율한다.
- 설탕은 반죽의 단맛뿐만 아니라 수분 보존력을 향상시켜 머핀의 촉촉함을 유지시킨다. 또한, 설탕의 일부가
  캐러멜화되며 풍미를 더한다.

설탕과 소금을 섞은 두유 혼합물에 오일을 천천히 넣고 완전히 유화시킨다.

- 오일은 지방 성분으로, 반죽에 부드러운 질감을 부여한다.
- 유화는 두유(수성)와 오일(지방성)을 안정적으로 결합시키는 과정으로, 이 과정이 잘 이루어지면 반죽의
  조직감이 부드러워지고 오일이 균일하게 분포된다.
- 오일을 마지막에 첨가하면 유화 상태를 최적화하여 질감과 맛을 극대화할 수 있다.

체질하여 준비한 가루재료를 두유 혼합물에 넣고 거품기를 이용하여 매끈한 상태의 반죽으로
만든다.

- 가루의 양이 많아 반죽을 조금씩 뒤집으면서 섞어주며 가루가 보이지 않을 정도로만 섞어주는 것이 좋다.
- 가루재료와 액체재료의 혼합 과정에서 글루텐 형성이 시작된다. 과도한 혼합은 글루텐 형성을 촉진해 반죽이 질겨질
  수 있으므로, 가루가 보이지 않을 정도로만 섞는다.

짤주머니에 머핀 반죽을 담아 준비하기

1. 넉넉한 크기의 짤주머니를 준비한다.

2. 짤주머니 입구를 뒤집어 겉면이 안으로 오게 하여 반죽을 쉽게 담을 수 있도록 준비한다.

3. 컵이나 병과 같은 안정적인 받침에 짤주머니를 넣고 입구를 벌려 고정한다.

4. 반죽을 주걱이나 스푼을 사용해 짤주머니에 옮겨 담는다.

5. 반죽을 담은 후 공기가 들어가지 않도록 윗부분을 꼬아 단단히 묶는다.

머핀 틀에는 유산지를 깔아 준비하기

1. 머핀 틀에 맞는 크기의 유산지(머핀컵 또는 베이킹컵)를 준비한다.

2. 각 머핀 틀에 유산지를 하나씩 넣어준다. 유산지는 머핀 반죽이 틀에 달라붙는 것을 방지하며,
   굽는 동안 모양을 깔끔하게 유지시켜준다.

3. 유산지를 사용할 수 없을 경우, 머핀 틀에 식용유나 녹인 비건 마가린을 얇게 발라 반죽이 달라
   붙지 않도록 처리한다.

반죽을 머핀 틀에 80% 정도 채우기

1. 준비된 짤주머니를 사용해 머핀 틀 중앙에서부터
   반죽을 짜넣는다.

2. 짤주머니를 천천히 움직이며 반죽이 고르게
   분포되도록 한다.

3. 반죽은 틀의 약 80%까지만 채워야 굽는 동안
   부풀면서 넘치지 않는다.

- 반죽을 짜는 동안 틀 가장자리에는 반죽이 묻지 않도록
  주의한다.
- 가장자리에 묻은 반죽은 굽는 과정에서 타거나 모양을 흐릴 수
  있다.

기포 제거 후 예열한 오븐에 넣고 굽기

1. 팬닝이 끝난 반죽을 가볍게 한번 내리쳐 기포를 제거한다.

2. 윗불 180℃, 아랫불 160℃로 예열한 오븐에 넣고 20~25분간 굽는다.

- 반죽을 내리치면 반죽에 남아있는 큰 공기 방울이 터져 굽는 동안 고르게 부풀 수 있는 환경을 만든다.
- 베이킹파우더와 함께 잔류 공기 방울이 열로 인해 팽창하면서 반죽의 부피를 증가시킨다.
- 반죽 내부에서는 전분이 젤라틴화되고, 단백질은 열로 인해 응고하며 구조가 안정화된다.
- 코코아파우더는 풍미를 더하며, 높은 온도에서 일부 성분이 반응하여 풍부한 초콜릿 향이 발생한다.

충분히 식힌 후 기호에 따라 프로스팅 올려서 먹기

1. 구워져 나온 머핀을 식힘 망에 옮겨 충분히 식힌다.

2. 기호에 따라 프로스팅을 올려 먹어도 좋다.

- 구운 후 바로 틀에서 제거하여 식히면 남아있는 증기로 인해 빵이 눅눅해지는 것을 방지하고, 바삭한 크러스트를
  유지할 수 있다.
- 머핀 위에 비건 초콜릿 또는 글레이즈로 프로스팅을 더해 취향에 맞는 장식을 완성할 수 있다.

머핀의 역사와 문화

머핀은 간편한 식사와 간식으로 오랜 시간 사랑받아온 빵의 한 형태로, 그 역사와 문화는 영국과 미국을 중심으로 서로 다른 방식으로 발전해왔다.

머핀의 기원은 10세기 영국으로 거슬러 올라간다. 당시 영국에서는 '잉글리시 머핀(English muffin)'이라 불리는 발효 빵이 아침 식사용으로 즐겨졌으며, 평평하고 둥근 모양에 겉면이 바삭하고 속은 부드러운 질감이 특징이다. 이 머핀은 주로 토스터에 구워서 버터, 잼, 달걀 등을 곁들여 먹었다. 18세기에는 머핀맨이라는 행상인이 거리에서 머핀을 팔며 '머핀 벨'을 울리던 문화도 존재하였는데, 이는 영국에서 머핀이 일상적이고 대중적인 음식이었음을 보여주는 문화적 상징으로 남아 있다.

반면, 미국에서는 19세기부터 베이킹파우더를 사용해 부풀린 '아메리칸 머핀(American muffin)'이 널리 퍼지기 시작했다. 이는 발효가 아닌 화학적 팽창을 이용한 머핀으로, 일종의 빠르게 만든 케이크류에 가깝다. 머핀 틀에 반죽을 넣어 굽는 방식이며, 블루베리, 초콜릿칩, 바나나 등 다양한 재료를 넣어 다채로운 맛을 내는 것이 특징이다. 미국의 머핀은 커피와 함께 아침 대용으로 즐기기 좋고, 간편하게 들고 다닐 수 있어 바쁜 현대인의 라이프스타일과도 잘 맞아떨어진다.

현대에 들어 머핀은 단순한 아침 식사를 넘어 문화와 정체성의 일부로 자리 잡았다. 영국에서는 여전히 티타임에 잉글리시 머핀이 어울리며, 미국에서는 다양한 맛과 건강을 고려한 머핀 레시피가 개발되어 웰빙 디저트로도 인식되고 있다. 또한, 각국의 입맛과 재료에 따라 현지화된 머핀들이 등장하면서 세계적으로 사랑받는 베이커리 품목으로 자리 잡았다.

이처럼 머핀은 단순한 빵이 아닌, 지역의 문화와 시대적 흐름을 반영하며 발전해온 음식이며, 지금도 그 다양성과 친근함으로 전 세계인의 일상에 녹아있다.

마블 파운드 케이크

(Marble Pound Cake)

마블 파운드 케이크

제품의 특징

01_ 비건 디저트

- 동물성 재료를 배제하고 두유와 오일을 사용하여 만든 식물성 베이킹 제품으로, 비건 식단을 따르는 사람들도 부담 없이 즐길 수 있다.

02_ 마블 디자인 및 천연 색상의 활용

- 단호박 반죽과 자색고구마 반죽이 섞여 자연스러운 마블 패턴을 형성하므로, 시각적으로 아름답고 고급스러운 디저트로 활용할 수 있다.

- 단호박과 자색고구마 분말을 사용하여 인공색소 없이도 자연스러운 색감을 구현하였다. 이렇게 건강한 재료를 사용하면서도 화려한 색상을 연출할 수 있다.

03_ 부드러운 식감

- 두유와 오일을 사용하여 촉촉하고 부드러운 식감을 유지한다.

- 식초를 첨가해 유제품과 유사하게 반죽을 더욱 부드럽게 만들고 풍미를 향상시킨다.

영양학적 효능

01_ 단호박의 효능

- 베타카로틴이 풍부해 항산화 작용과 면역력 강화에 도움을 준다.

- 식이섬유가 많아 소화와 장 건강에 좋다.

- 비타민 A가 풍부해 눈과 피부 건강을 보호한다.

02_ 자색고구마의 효능

- 안토시아닌이 풍부해 항산화 작용과 혈관 건강에 좋다.

- 저혈당 탄수화물로 혈당 조절과 에너지 공급에 유리하다.

- 비타민 C가 면역력과 피부 건강을 돕는다.

03_ 두유의 효능

- 식물성 단백질이 풍부해 영양 공급에 좋으며, 이소플라본이 폐경기 건강을 돕는다.

- 콜레스테롤 감소 효과로 심혈관 건강에 유익하다.

04_ 베이킹파우더와 식초의 역할

- 베이킹파우더는 반죽을 부드럽게 하고 팽창을 도와 조직감을 개선한다.

- 식초는 두유와 반응해 유산균 발효 효과로 소화를 돕는다.

재료 준비

- 단호박 반죽과 자색고구마 반죽을 준비한다.
- 각각의 가루재료는 하나의 볼에 담아 계량하고, 다른 볼에 설탕과 소금을 계량한다.

배합표

<table>
<tr><td colspan="2">단호박 반죽</td><td colspan="2">자색고구마 반죽</td></tr>
<tr><td>재 료 명</td><td>무 게(g)</td><td>재 료 명</td><td>무 게(g)</td></tr>
<tr><td>박력분</td><td>140</td><td>박력분</td><td>50</td></tr>
<tr><td>단호박 분말</td><td>30</td><td>베이킹파우더</td><td>2</td></tr>
<tr><td>베이킹파우더</td><td>6</td><td>두유</td><td>68</td></tr>
<tr><td>두유</td><td>220</td><td>식초</td><td>2</td></tr>
<tr><td>식초</td><td>6</td><td>오일</td><td>12</td></tr>
<tr><td>오일</td><td>40</td><td>설탕</td><td>30</td></tr>
<tr><td>설탕</td><td>93</td><td>소금</td><td>0.5</td></tr>
<tr><td>소금</td><td>1</td><td>자색고구마 분말</td><td>6</td></tr>
</table>

제조 공정

01_준비 단계

1. 각각의 반죽에 사용할 두유에 식초를 넣어 비건 달걀화한다.

2. 오란다 틀에 붓을 이용하여 오일을 고르게 발라서 준비한다.

- 과정 1은 두유 속 단백질을 응고시켜 유제품과 유사한 조직감을 형성하게 한다.
- 과정 2는 반죽이 틀에 달라붙는 것을 방지하고, 균일한 굽기 상태를 유지하는 데 도움을 준다.

단호박 반죽에 사용할 박력분, 단호박 분말, 베이킹파우더를 체질하여 준비한다.

- 체질 과정을 거치면 가루가 균일하게 섞이며, 반죽에 기포가 형성되는 것을 돕고 부드러운 식감을 형성한다.

자색고구마 반죽에 사용할 박력분, 베이킹파우더, 자색고구마 분말을 체질하여 준비한다.

- 체질 과정은 재료 간 고른 혼합을 유도하고, 케이크의 조직을 섬세하게 만든다.

03_재료 혼합

[단호박 반죽]

1. 두유에 설탕과 소금을 넣고 거품기 또는 주걱을 이용하여 설탕이 완전히 녹을 때까지 섞는다.

2. 두유 혼합물에 오일을 넣고 유화될 때까지 섞는다.

3. 체질한 가루재료를 넣고 매끄러운 상태가 될 때까지 섞는다.

- 설탕이 녹으면 반죽이 균일하게 섞이고, 단맛이 고르게 퍼지게 된다.
- 오일과 수분이 잘 섞이도록 유화시키면 반죽의 질감이 매끄러워지고, 구웠을 때 촉촉한 조직이 형성된다.
- 가루를 넣고 너무 오래 섞으면 글루텐이 형성될 수 있으므로, 적절한 점성을 유지하면서 부드럽게 혼합하는 것이 중요하다.

[자색고구마 반죽]

1. 두유에 설탕과 소금을 넣고 거품기 또는 주걱을 이용하여 설탕이 완전히 녹을 때까지 섞는다.

2. 두유 혼합물에 오일을 넣고 유화될 때까지 섞는다.

3. 체질한 가루재료를 넣고 매끄러운 상태가 될 때까지 섞는다.

- 과정 1은 단호박 반죽과 동일한 방식으로, 설탕이 완전히 녹아야 균일한 반죽이 된다.
- 오일이 잘 섞이면 반죽의 조직이 균일해지고 부드러운 케이크가 완성된다.
- 가루를 넣은 후에는 지나치게 치대지 않도록 주의해야 하며, 반죽의 점도가 적절하게 유지되어야 한다.

04_팬닝 및 굽기

1. 기름칠한 오란다 틀에 단호박 반죽과 자색고구마 반죽을 번갈아가며 넣는다.

2. 젓가락을 이용하여 반죽을 가볍게 휘저어 마블 패턴을 만든다.

- 과정 1을 통해 마블 패턴을 형성할 수 있는 기본적인 배경이 만들어진다.
- 과정 2에서 너무 많이 섞으면 색이 균일해질 수 있으므로, 적당한 혼합이 중요하다.

1. 윗불 180℃, 아랫불 160℃로 예열한 오븐에 넣고 20분간 굽는다.

2. 이후 온도를 170℃(상단)/150℃(하단)로 낮춰 추가로 10분간 더 굽는다.

- 초기 높은 온도에서 반죽이 빠르게 부풀며 구조를 형성하고, 이후 낮은 온도로 조정하여 내부까지 균일하게 익히는
  효과를 얻는다.

크럼블

(Crumble)

크럼블 토핑의 유래

01_ 크럼블의 정의

- 크럼블 토핑은 디저트 위에 올려 바삭하고 부드러운 식감을 더하는 부슬부슬한 질감의 토핑을 의미한다. 이는 주로 영국에서 발전한 디저트 문화에서 기원하며, 제2차 세계대전 당시 재료가 부족한 상황에서 전통적인 파이 크러스트를 대체하기 위한 실용적인 대안으로 등장하였다.

- 당시 버터, 설탕, 밀가루 등 필수적인 제빵 재료가 배급제로 제한되면서 적은 재료로 만들 수 있는 간편한 토핑 방식이 개발되었고, 이는 이후 영국식 디저트에서 중요한 요소로 자리 잡았다.

02_ 크럼블의 제조 공정 및 특징

- 크럼블 토핑은 밀가루, 버터, 설탕을 기본 재료로 하며, 이를 손으로 비벼 부슬부슬한 질감을 만든 후 디저트 위에 얹어 오븐에서 굽는다.

- 버터를 차갑게 유지하면서 밀가루와 설탕과 함께 섞으면 바삭하면서도 입안에서 부드럽게 부서지는 질감을 형성할 수 있다. 여기에 귀리, 견과류, 계피, 코코넛 분말 등을 추가하여 풍미를 더욱 풍부하게 만들기도 한다.

- 크럼블 토핑의 주요 특징은 오븐에서 구우면서 캐러멜라이즈되어 고소한 맛과 바삭한 식감을 제공한다는 점이며, 디저트에 다양한 변주를 줄 수 있는 요소로 활용된다.

제품의 특징

01_ 부슬부슬한 질감

- 크럼블 토핑은 버터와 밀가루를 섞어 손으로 비벼 만드는 과정에서 고운 입자가 형성된다.

- 구울 때 표면이 바삭해지고, 속은 부드럽게 부서지는 독특한 식감을 제공한다.

02_ 간단한 제조법 ①

- 기본 재료인 밀가루, 버터, 설탕만으로도 쉽게 만들 수 있어 누구나 조리할 수 있다.

- 특별한 도구 없이 손으로 반죽을 섞어 만들 수 있어 접근성이 높다.

03_ 간단한 제조법 ②

- 디저트의 맛과 식감을 풍부하게 해주는 역할을 하며, 애플 크럼블, 베리 크럼블과 같은 과일 디저트에 활용된다.

- 머핀, 케이크, 타르트 등에도 사용할 수 있으며, 토핑으로 활용 시 바삭한 식감을 더할 수 있다.

- 귀리, 견과류, 시나몬 등을 추가하면 다양한 풍미를 조절할 수 있어 응용성이 뛰어나다.

04_ 오븐에서 구우면서 캐러멜라이즈되는 풍미

- 구워지는 과정에서 설탕이 녹아 캐러멜화되며 고소하고 달콤한 풍미가 형성된다.

- 버터가 녹아 밀가루와 결합하면서 바삭한 식감을 만들어내는 것이 특징이다.

재료 준비

• 가루재료는 하나의 볼에 담아 계량한다.

배합표

크럼블

재 료 명	무 게(g)
박력분	37
설탕	12
소금	0.5
베이킹파우더	1
마가린	11
두유	7

제조 공정

01_준비 단계

1. 마가린은 동물성 성분이 포함되지 않은 비건용 제품을 사용한다.

2. 마가린은 반드시 차가운 상태로 준비해야 한다.

- 채식주의자나 특정 식단을 따르는 소비자를 고려한 선택이며, 유지방이 포함된 버터와는 다른 조직감을 제공한다.
- 크럼블의 바삭한 질감을 유지하려면 마가린의 지방 함량과 경도를 고려하는 것이 중요하다.
- 차가운 마가린을 사용하면 반죽 과정에서 마가린이 완전히 녹지 않고 덩어리진 상태로 남아, 구웠을 때 기공이 형성되면서 바삭한 식감이 유지된다.

02_가루재료 준비

박력분과 베이킹파우더를 체에 내려 고루 섞이도록 한다.

- 체질을 하면 가루 입자가 곱게 정리되어 반죽이 균일하게 섞이고, 베이킹파우더가 고르게 퍼져 부드러운 식감과 일정한 부피감을 형성하는 데 도움이 된다.

03_재료 혼합

체질한 가루재료 위에 차가운 마가린을 올린 후, 스크래퍼를 이용하여 마가린을 콩알 크기로 잘게
다진다.

- 이 과정에서 마가린은 가루 입자 사이에 얇게 분포하며, 오븐에서 녹으면서 층이 생기고 공기층이 형성되어 바삭한
  조직을 만든다.
- 손으로 직접 섞지 않고 스크래퍼를 사용하는 이유는 손의 열이 마가린을 녹여버릴 수 있기 때문이다.

마가린이 콩알 크기로 고르게 퍼지면, 두유를 넣고 손바닥을 이용하여 반죽을 비벼 보슬보슬한
상태로 만든다.

- 손바닥을 이용하여 반죽을 문지르면 마가린이 가루와 섞이면서 얇은 막을 형성하고, 이는 크럼블의 바삭한 질감을
  결정짓는다.
- 이때 반죽을 너무 많이 치대면 글루텐이 형성되어 질긴 식감이 될 수 있으므로, 최소한의 반죽으로 보슬보슬한 상태를
  유지하는 것이 중요하다.

완성된 반죽은 사용 전까지 비닐을 덮어 냉장고에 보관한다.

- 냉장 보관을 하면 마가린이 다시 단단해지면서 반죽이 안정화되며, 오븐에서 구울 때 마가린이 천천히 녹아 적절한 기공이 형성된다.
- 이를 통해 크럼블 특유의 바삭한 식감과 함께 가벼운 입자감을 유지할 수 있다.

크럼블

재료별 기능과 영양학적 효능

01_박력분

글루텐 함량이 낮은 밀가루로, 바삭하고 부드러운 식감을 만들어준다. 주로 탄수화물로 구성되어 있어 에너지원으로 사용된다.

02_설탕

단맛을 부여하고, 수분을 끌어당겨 크럼블의 바삭한 질감을 유지하게 한다. 빠르게 흡수되는 에너지원이며, 과량 섭취 시 주의가 필요하다.

03_소금

다른 재료의 맛을 돋우며, 전체적인 풍미를 조절하는 역할을 한다. 나트륨이 함유되어 있어 체내 수분 균형 유지에 도움을 준다.

04_베이킹파우더

화학적 팽창제로 사용되며, 반죽 내에서 이산화탄소를 발생시켜 가볍고 부드러운 조직을 형성한다. 미량 사용되므로 직접적인 영양소 기여는 적지만, 식감 향상에 기여한다.

05_마가린

식물성 유지로, 지방을 공급하며 크럼블의 고소한 맛과 풍미를 형성한다. 동물성 버터에 비해 콜레스테롤이 없으며, 반죽에 결을 만들어준다.

06_두유

식물성 단백질과 이소플라본이 포함되어 있으며, 유당이 없어 유당 불내증이 있는 사람에게도 적합하다. 반죽을 촉촉하게 유지하고, 비건 영양 대체재로 활용된다.

크럼블은 본래 영국에서 시작된 디저트지만, 세계 각국에서 지역 재료와 조리법을 반영하며 다양한 방식으로 변형되고 있다. 다음은 여러 나라에서 나타난 크럼블의 변형 예시와 그 특징이다.

01_프랑스 – 크럼블 오 프뤼(Crumble aux fruits)

프랑스에서는 크럼블이 전통적인 타르트와 함께 디저트로 즐겨지며, 자두, 살구, 배 등 프랑스산 과일을 주로 사용한다. 버터 풍미가 강한 프랑스산 발효버터와 아몬드 가루를 넣은 토핑이 특징으로, 식감과 고소함이 강조된다.

02_미국 – 프루트 크리스프(Fruit Crisp)

미국에서는 '크럼블'보다는 '크리스프'라는 이름으로 불리며, 귀리(Oatmeal)와 갈색 설탕(brown sugar)을 토핑에 넣는 것이 일반적이다. 블루베리, 체리, 피치 등 달콤한 과일을 활용하며, 바삭하면서도 두툼한 토핑이 특징이다. 바닐라 아이스크림과 함께 제공되는 경우가 많다.

03_독일 – 슈트로이젤(Streusel kuchen)

독일에서는 '슈트로이젤'이라는 이름으로 베이커리 형태의 크럼블이 발달했다. 얇은 이스트 반죽 또는 케이크 반죽 위에 설탕, 밀가루, 버터로 만든 알갱이 모양의 토핑을 얹어 굽는다. 체리, 사과 등과 잘 어울리며, 커피와 함께 먹는 케이크로 인기가 많다.

04_이탈리아 – 스브롤라타(Sbriciolata)

이탈리아에서는 '스브롤라타'라는 이름으로 크럼블 형태의 디저트를 즐긴다. 부드러운 리코타 치즈나 초콜릿 크림을 속재료로 넣고, 부스러기 형태의 반죽으로 감싸 구운 구조가 일반적이다. 이탈리아 특유의 풍부한 크림 맛이 특징이다.

05_일본 - 와후 크럼블(Wafu Crumble)

일본에서는 전통적인 재료를 활용해 독창적인 크럼블을 만든다. 팥앙금, 말차, 고구마 등을 사용하고, 토핑에는 흑설탕, 미소(된장), 깨 등의 재료가 들어가기도 한다. 섬세하고 조화로운 맛이 강조되며, 티타임 디저트로 적합하다.

이처럼 크럼블은 각국의 식문화와 재료에 따라 창의적인 변형을 이루어왔으며, 현대에는 단순한 가정식 디저트를 넘어 문화와 정체성을 담는 하나의 미식 표현으로 자리 잡고 있다.

블루베리 크럼블 머핀

(Blueberry Crumble Muffin)

제품의 특징

01_ 블루베리의 상큼함, 비건 친화적

- 냉동 블루베리가 듬뿍 들어가 상큼하고 달콤한 맛을 동시에 느낄 수 있는 머핀이다.
- 두유, 아가베 시럽, 오일을 사용하여 유제품과 달걀을 배제한 비건 머핀으로, 비건 식단을 따르는 사람들에게 적합하다.

02_ 크럼블 토핑, 촉촉한 식감

- 바삭한 크럼블 토핑이 더해져, 머핀의 부드러운 식감과 대비되는 바삭한 식감을 즐길 수 있다.
- 두유와 오일을 사용해 촉촉하고 부드러운 머핀을 유지한다.

03_ 간편한 제조

- 복잡한 과정 없이 간편하게 만들 수 있는 비건 머핀 레시피로, 집에서도 쉽게 즐길 수 있는 간식이다.

영양학적 효능

01_ 블루베리의 항산화 효과 및 두유의 식물성 단백질

- 블루베리는 항산화제인 안토시아닌이 풍부하여 세포 손상 방지와 면역력 강화에 도움을 준다.
- 두유는 식물성 단백질과 칼슘이 풍부하여 근육 형성과 뼈 건강을 지원한다.

02_ 아가베 시럽의 낮은 혈당지수, 소화에 좋은 베이킹파우더

- 아가베 시럽은 혈당지수가 낮아 혈당을 천천히 올리기 때문에 당 관리가 필요한 사람들에게 유익하다.
- 베이킹파우더가 부드럽게 반죽을 부풀려 소화가 잘 되는 머핀을 제공한다.

03_ 비건 재료의 건강한 지방

- 오일과 마가린을 사용해 포화지방을 줄인 건강한 지방을 공급하며, 심혈관 건강을 유지하는 데 도움을 준다.

재료 준비

- A(가루재료)와 B(액체 및 그 외 재료), 만들어둔 충전물을 준비한다.
- 가루재료는 하나의 볼에 담아 계량하고, 다른 볼에 설탕과 소금을 계량한다.

배합표

A	
재 료 명	무 게(g)
박력분	180
베이킹파우더	8

B	
재 료 명	무 게(g)
레몬즙	10
두유	180
아가베 시럽	30
설탕	40
오일	35
소금	1
냉동 블루베리	50

충전물	
재 료 명	무 게(g)
크럼블	전량
냉동 블루베리	20

제조 공정

01_준비 단계

1. 두유에 레몬즙을 넣고 섞어 비건 달걀화를 시킨다.

2. 머핀 틀에 유산지컵을 끼워 반죽이 달라붙지 않도록 미리 준비한다.

- 이는 두유의 단백질을 응고시켜 유제품 대체 효과를 높이고, 산성 환경을 조성하여 베이킹파우더와의 반응을
  촉진하는 역할을 한다.

02_가루재료 준비

박력분과 베이킹파우더를 충분히 혼합한 후 체질하여 공기를 포함시킨다.

- 이 과정을 통해 반죽이 균일해지고, 베이킹파우더가 반죽 전체에 고르게 분포하도록 한다.

1. 비건 달걀화된 두유에 설탕과 소금을 넣고 거품기로 섞어 설탕이 충분히 녹도록 한다.

2. 두유 혼합물에 오일을 넣고 섞어 유화가 되도록 한다.

- 설탕이 용해되면서 반죽의 수분 함량이 균형을 이루고, 머핀의 조직이 부드러워진다.
- 과정 2에서 오일이 액체 성분과 결합하면서 반죽이 균일해지고 촉촉한 머핀의 질감을 형성하는 데 기여한다.

천연 감미료인 아가베 시럽을 넣고 섞는다.

- 이는 머핀의 단맛을 보완하고, 보습력을 높여 촉촉한 질감을 유지하는 역할을 한다.

1. 체질한 가루재료를 넣고 거품기를 이용해 섞어 매끄러운 반죽을 만든다.

2. 냉동 블루베리를 넣고 가볍게 섞는다.

- 과정 1에서 반죽을 너무 오래 섞으면 글루텐이 형성되어 질긴 식감이 될 수 있으므로 적당히 섞는다.
- 블루베리는 냉동 상태에서 바로 넣어야 반죽에 색이 번지는 것을 방지하고, 구울 때 자연스럽게 퍼지며 머핀의 촉촉한 식감을 더해준다.

완성된 반죽을 짤주머니에 담아 머핀 틀에 팬닝하기 쉽게 준비한다.

유산지컵을 끼운 머핀 틀에 반죽을 약 80% 정도 채운다.

- 이는 반죽이 구워지면서 팽창할 여유를 주고, 머핀의 모양을 균형 있게 형성하는 데 도움이 된다.

머핀 반죽 위에 미리 준비한 크럼블을 올리고, 추가로 냉동 블루베리로 장식하여 시각적 효과를 높인다.

- 크럼블은 바삭한 식감을 더하고, 머핀 위에 고소한 풍미를 부여하는 역할을 한다.

윗불 180℃, 아랫불 160℃로 예열한 오븐에서 25~30분간 굽는다.

- 굽는 동안 반죽 내부에서는 베이킹파우더의 이산화탄소 발생으로 인해 부풀어 오르고, 내부 수분이 증발하며 머핀의 조직이 형성된다.
- 크럼블은 바삭하게 구워지고 블루베리는 열에 의해 터지면서 자연스러운 단맛을 내게 된다.

단호박 머핀

(Sweet Pumpkin Muffin)

제품의 특징

01_ 비건 제품, 건강을 고려한 원재료 구성

- 우유, 달걀, 버터 등의 동물성 원료를 사용하지 않고 두유, 두부, 올리고당 등의 식물성 재료로 구성되어 있어 비건 식단을 따르는 사람들도 섭취할 수 있다.
- 일반적인 머핀보다 당 함량을 줄이고, 올리고당을 사용하여 단맛을 내면서도 혈당지수를 낮춘 점이 특징이다.
- 쑥 분말을 활용하여 자연적인 색감과 향을 살리면서 항산화 효과를 더하였다.

02_ 촉촉한 식감, 고소한 풍미와 자연스러운 단맛

- 찐 단호박과 두부를 함께 사용하여 머핀의 질감을 부드럽고 촉촉하게 유지한다.
- 두부는 수분을 머금어 촉촉함을 유지하는 역할을 하며, 단호박의 섬유질이 전체적인 조직감을 부드럽게 만든다.
- 아몬드 분말을 사용하여 풍미를 더하고, 단호박 자체의 자연스러운 단맛이 머핀의 맛을 더욱 깊고 조화롭게 만들어준다.

영양학적 효능

01_ 단호박

- 베타카로틴은 강력한 항산화 성분으로 체내에서 비타민 A로 전환되며 면역력을 강화하고 눈 건강을 돕는다.
- 식이섬유는 장 건강을 개선하고 소화를 원활하게 하며, 혈당 조절에 도움을 준다.

02_ 두부

- 식물성 단백질은 근육 생성과 유지에 도움을 주며, 동물성 단백질을 대체하는 건강한 단백질 공급원이다.
- 이소플라본은 여성 호르몬과 유사한 작용을 하며, 폐경기 여성의 건강을 지원하고 골다공증 예방에 도움을 줄 수 있다.

03_ 아몬드 분말

- 불포화지방산은 혈중 콜레스테롤 수치를 조절하여 심혈관 건강에 긍정적인 영향을 준다.

- 비타민 E는 피부 건강을 촉진하고 노화 방지에 기여하는 항산화 성분이다.

04_ 쑥 분말

- 항산화 성분은 체내 활성산소를 줄이고 면역력을 강화하는 데 도움을 준다.

- 철분이 함유되어 있어 혈액 건강을 유지하고 빈혈 예방에 기여한다.

05_ 두유

- 식물성 단백질은 근육 형성과 신체 회복을 돕는다.

- 칼슘과 마그네슘은 뼈 건강을 유지하고 골다공증 예방에 도움을 준다.

06_ 올리고당

- 프리바이오틱스 역할은 장내 유익균 증식을 촉진하여 소화기 건강을 향상한다.

- 일반 설탕보다 혈당지수가 낮아 혈당 조절 효과가 있어 당뇨 관리에 유리하다.

재료 준비

- A(가루재료)와 B(액체 및 그 외 재료), 충전물을 준비한다.
- 가루재료는 하나의 볼에 담아 계량한다.

배합표

A		B		충전물	
재 료 명	무 게(g)	재 료 명	무 게(g)	재 료 명	무 게(g)
박력분	100	오일	38	찐 단호박	300
쑥 분말	25	두유	140	두부	200
아몬드 분말	30	올리고당	56	올리고당	70
베이킹파우더	4	소금	3	소금	2
		레몬즙	7		

제조 공정

01_준비 단계

1. 두유에 레몬즙을 넣고 섞어 비건 달걀화를 시킨다.

2. 머핀 틀에 유산지컵을 끼워 준비한다.

3. 단호박은 껍질을 벗기고 찐 후 식힌다.

- 과정 1은 두유의 단백질이 레몬즙의 산과 반응하여 응고되면서 유화성이 증가하는 효과를 준다. 이렇게 만든 비건 달걀화는 반죽 내에서 수분을 유지하고 조직감을 부드럽게 하는 역할을 한다.
- 과정 2는 반죽이 들러붙는 것을 방지하고, 머핀의 모양을 균일하게 유지하도록 한다.
- 과정 3은 단호박을 찌는 과정에서 전분이 젤라틴화되며 부드러운 질감이 형성된다. 이는 머핀의 촉촉한 식감을 만드는 데 중요한 역할을 한다.

두부는 끓는 물에 넣고 앞뒤로 10초씩 데친 후 수분을 제거한다.

- 두부를 데치는 과정은 단백질의 구조를 안정화시키고, 특유의 비린 맛을 제거하는 역할을 한다.

찐 단호박과 데친 두부, 올리고당, 소금을 믹서기에 넣고 곱게 갈아 크림 상태로 만든다.

- 단호박과 두부를 함께 갈면 부드러운 질감이 형성되며, 두부의 단백질과 단호박의 섬유질이 결합하여 크림의 점도를 높여준다.

02_가루재료 준비

박력분과 아몬드 분말, 베이킹파우더, 쑥 분말을 균일하게 혼합 후 체질하여 준비한다.

- 체질하는 과정에서 가루 입자가 고르게 분포되며, 공기가 포함되어 반죽이 보다 균일하고 가벼운 조직을 갖도록 돕는다.
- 박력분은 글루텐 함량이 낮아 부드러운 식감을 형성하고, 아몬드 분말은 지방 함량이 높아 촉촉함을 유지하는 역할을 한다.
- 베이킹파우더는 머핀을 부풀리는 팽창제로 작용하며, 쑥 분말은 향미와 색감을 더해준다.

03_재료 혼합

두유에 오일을 넣고 유화될 때까지 섞는다.

- 두유의 단백질과 오일의 지방이 결합하면서 유화 상태가 형성되며, 이는 반죽 내에서 수분 유지력을 높이고 촉촉한 식감을 만드는 역할을 한다.

소금과 올리고당을 넣고 섞는다.

- 소금은 반죽의 글루텐 구조를 안정화시키며, 단맛을 보완하는 역할을 한다.
- 올리고당은 머핀의 촉촉한 조직을 유지하는 데 도움을 주고, 수분 보유력을 높여 신선도를 증가시킨다.

1. 체질한 가루재료를 넣고 매끄러운 반죽이 되도록 섞는다.

2. 완성된 반죽을 짤주머니에 넣어 팬닝 과정에서 편리하게 사용할 수 있도록 준비한다.

- 과정 1에서 지나치게 많이 섞으면 글루텐이 과다 형성되어 머핀이 질겨질 수 있으므로 적절한 혼합이 중요하다.

04_팬닝 및 굽기

짤주머니에 넣은 반죽을 머핀 틀에 70~80% 정도 채운다.

- 머핀을 균일한 크기로 만들기 위해 동일한 양을 채우는 것이 중요하다.

윗불 180℃, 아랫불 160℃로 예열한 오븐에 넣고 25~30분간 굽는다.

- 베이킹 과정에서 베이킹파우더가 열과 반응하여 이산화탄소를 방출하면서 반죽이 부풀고 내부에 공기층이 형성된다.
- 단호박의 당분이 캐러멜화되면서 머핀의 고유한 풍미와 색감이 더욱 깊어진다.

구워진 머핀을 충분히 식힌 후 준비한 단호박 크림을 윗면에 짜준다.

- 머핀이 뜨거운 상태에서 크림을 올리면 녹을 수 있으므로 충분히 식힌 후 진행하는 것이 중요하다.
- 단호박 크림을 머핀 위에 짜면 부드러운 식감과 함께 비주얼적인 완성도를 높일 수 있다.

단호박 역사와 비건 문화

단호박은 원래 북아메리카 지역에서 자생하던 호박의 일종으로, 16세기경 유럽을 거쳐 아시아에 전래되었다. 일본에서는 메이지 시대 이후 재배가 본격화되었으며, 이후 한국에도 도입되어 현재는 '단호박'이라는 이름으로 널리 알려져 있다. 단호박은 속이 진한 주황색을 띠며 단맛이 강하고 식이섬유, 베타카로틴, 비타민 A와 C 등이 풍부하여 건강 식품으로 각광받고 있다.

비건 문화에서 단호박은 중요한 식재료 중 하나로 자리 잡고 있다. 동물성 재료를 사용하지 않는 비건 식단에서 단호박은 자연스럽게 단맛과 포만감을 줄 수 있는 식품으로 활용되며, 스프, 샐러드, 스무디, 디저트, 베이킹 등 다양한 요리에 응용된다. 특히 단호박의 부드러운 식감과 풍부한 영양은 버터나 크림 없이도 만족스러운 맛을 낼 수 있어 비건 요리의 중요한 재료로 평가받는다.

현대의 비건 문화는 단순한 식습관을 넘어 환경 보호, 동물권 존중, 건강한 삶을 추구하는 철학으로 확장되고 있다. 이러한 흐름 속에서 단호박은 비건 식문화를 대표하는 건강하고 지속 가능한 먹거리로서, 식물성 재료의 다양성과 창의적인 요리 가능성을 넓히는 데 기여하고 있다.

당근 케이크

(Carrot Cake)

당근 케이크

제품의 특징

01_ 비건 베이킹 제품

- 동물성 원료 없이 두유와 레몬즙을 이용한 비건 버터 밀크를 활용하여 만든다.
- 달걀이나 버터를 사용하지 않아 식물성 식단을 따르는 사람들에게 적합하다.

02_ 고소한 풍미와 촉촉한 식감

- 아몬드 분말과 박력분을 사용하여 부드러운 식감을 유지하면서도 고소한 맛을 살린다.
- 오일이 반죽에 포함되어 있어 촉촉한 조직감을 형성하며, 퍽퍽하지 않고 부드러운 식감을 제공한다.

03_ 당근과 견과류의 조화

- 신선한 당근을 사용하여 자연스러운 단맛과 수분감을 더한다.
- 호두 분태를 추가하여 씹는 식감을 살리고, 고소한 맛과 영양가를 높인다.

04_ 풍부한 향과 감미로운 맛

- 시나몬 분말을 사용하여 은은한 향을 더하고, 레몬즙과 럼주가 들어간 크림을 사용하여 깊은 풍미를 제공한다.
- 메이플 시럽과 슈거파우더를 활용한 크림은 자연스럽고 건강한 단맛을 형성한다.

영양학적 효능

01_ 아몬드 분말

- 불포화지방산이 풍부하여 심혈관 건강을 돕는다.

- 단백질과 비타민 E가 함유되어 있어 피부 건강과 면역력 강화에 도움을 준다.

02_ 당근

- 베타카로틴이 풍부하여 눈 건강을 보호하고 면역력을 증진한다.

- 항산화 작용을 통해 세포 손상을 방지하고 노화 예방 효과가 있다.

03_ 호두

- 오메가-3 지방산이 풍부하여 뇌 건강과 기억력 향상에 도움을 준다.

- 항산화 성분이 포함되어 있어 염증 감소 및 심혈관 건강을 유지하는 데 기여한다.

04_ 두유

- 이소플라본이 함유되어 있어 호르몬 균형을 돕고 골다공증 예방에 유익하다.

- 콜레스테롤이 없으며 소화가 용이하여 채식주의자나 유당 불내증이 있는 사람들에게 적합하다.

05_ 시나몬

- 혈당 조절을 돕고 인슐린 저항성을 개선하는 데 효과적이다.

- 항균 및 항염 작용이 있어 면역력을 높이고 감염 예방에 기여한다.

재료 준비

- A(가루재료)와 B(액체 및 그 외 재료), 충전물과 크림재료를 준비한다.
- 가루재료는 하나의 볼에 담아 계량하고, 다른 볼에 설탕과 소금을 계량한다.

배합표

A

재 료 명	무 게(g)
아몬드 분말	30
박력분	90
시나몬 분말	2
베이킹파우더	3
베이킹소다	2

B

재 료 명	무 게(g)
오일	60
두유	55
설탕	60
소금	2
레몬즙	5

크림

재 료 명	무 게(g)
두유	700
레몬즙	45
럼주	15
소금	1
메이플 시럽	5
슈거파우더	30

충전물

재 료 명	무 게(g)
호두 분태	40
당근	90

제조 공정

01_준비 단계

레몬즙과 럼주, 소금을 넣고 가볍게 섞는다.

- 레몬즙은 산성 환경을 조성하여 단백질 응고를 돕고 풍미를 높인다.
- 럼주는 은은한 향을 더하고 소금은 단맛을 보완하여 균형을 잡는다.

1. 두유를 냄비에 옮긴 후 중약불에 젓지 않고 데운 후 유막이 생기면 불을 끈다.
2. 만들어둔 레몬즙을 넣고 가볍게 섞는다.

- 과정 1은 우유의 카제인 응고 원리를 활용하여 비건 버터 밀크를 만드는 과정이다.

1. 30분간 식혀준 후 면포를 이용하여 물기를 제거한다.

2. 무거운 물건 등을 올려 30분간 물기를 제거하여 단단한 농도의 크림을 만든다.

- 과정 2는 응고된 단백질 사이의 수분을 줄여 더욱 진한 크림 형태로 숙성되도록 돕는다.

1. 블렌더를 이용하여 곱게 간 후 냉장 보관하여 숙성시킨다.

2. 슈거파우더와 메이플 시럽을 넣고 휘핑하여 프로스팅을 만든다.

- 과정 2는 단맛과 질감을 조절하는 과정으로, 휘핑을 통해 공기를 포함시켜 가벼운 식감을 만든다.

1. 호두는 예열 중인 오븐에 넣어 5분간 구워 전처리한다.

2. 당근은 깨끗하게 씻은 후 채칼을 이용하여 채썬 후 물기를 제거한다.

- 과정 1은 견과류의 수분을 줄이고 풍미를 강화하는 과정이다.
- 과정 2는 반죽에 들어가는 당근의 수분 함량을 조절하여 케이크의 질감을 개선하는 역할을 한다.

두유에 레몬즙을 넣고 섞어 비건 달걀화를 시킨다.

- 이 과정은 두유의 단백질을 변성시켜 달걀과 유사한 농도를 형성하게 만든다.

02_가루재료 준비

박력분과 아몬드 분말, 베이킹파우더, 베이킹소다, 시나몬 분말을 체질하여 준비한다.

- 가루 사이의 공기층을 형성하여 반죽을 부드럽게 하고 균일한 조직을 만들도록 돕는다.

03_재료 혼합

1. 비건 달걀화한 두유에 설탕과 소금을 넣고 잘 섞는다.

2. 오일을 넣고 유화될 때까지 섞는다.

- 오일은 글루텐 형성을 방해하여 부드러운 조직을 유지하고, 설탕은 수분을 흡수해 촉촉한 질감을 유지한다.
- 반죽의 유화 상태를 안정화시켜 부드러운 조직을 형성하는 역할을 한다.

1. 체질한 가루를 넣고 자르듯이 섞는다.

2. 날가루가 보이지 않으면 전처리한 호두 분태와 당근을 넣고 골고루 섞는다.

- 과정 1은 글루텐 형성을 최소화하여 조직이 질겨지는 것을 방지하는 과정이다.
- 견과류는 조직감과 풍미를 더하며, 미리 구워 수분을 줄였기 때문에 반죽의 균형을 맞출 수 있다.

04_팬닝 및 굽기

1. 오일을 바른 원형 틀에 반죽을 채운다.

2. 윗불 160℃, 아랫불 180℃로 예열한 오븐에 넣고 25~30분간 굽는다.

- 반죽을 고르게 펼쳐 공기층이 형성되지 않도록 한다.

구워진 반죽을 식힘 망에 옮겨 충분히 식힌다.

- 내부의 수분이 균형을 이루고 조직이 안정화되도록 돕는다.

윗면에 만들어둔 프로스팅을 올려 장식한다.

- 단맛을 보완하고 부드러운 질감을 더하는 역할을 한다.

라즈베리 잼

(Raspberry Jam)

재료의 역할과 특징

01_ 냉동 라즈베리

- 펙틴 함량이 낮아 젤리화가 자연적으로 원활하게 이루어지지 않는다.
- 냉동 상태에서 세포벽이 파괴되어 조리 시 과즙이 쉽게 방출된다.
- 강한 산미와 붉은 색소(안토시아닌)가 농축되어 색상과 풍미가 더욱 강조된다.

02_ 설탕

- 잼의 점도를 조절하고 보존성을 높이는 중요한 역할을 한다.
- 과일에서 나온 수분을 흡수하여 겔을 형성하는 데 기여한다.
- 라즈베리의 강한 산미를 부드럽게 조절하여 균형 잡힌 맛을 완성한다.

03_ 레몬즙

- 산도를 높여 잼의 맛을 조화롭게 만든다.
- 낮은 pH 환경을 조성하여 미생물 번식을 억제하고 보존성을 향상시킨다.
- 펙틴과 반응하여 점도를 증가시키는 데 중요한 역할을 한다.
- 만약에 점도를 증가시키고자 한다면 펙틴 분말을 1g 정도 추가해도 된다.

조리 과정에서의 변화

01_ 가열 과정

- 과일의 세포벽이 분해되면서 과즙이 자연스럽게 방출된다.
- 설탕과 혼합되면서 점성이 증가하고, 가열 과정에서 수분이 증발하며 농축이 이루어진다.
- 레몬즙이 펙틴과 반응하여 점도를 높이고 색상이 안정적으로 유지된다.

02_ 식힘 과정

- 냉각되면서 설탕과 과일 성분이 결합하여 최종적인 점도가 형성된다.
- 자연적인 펙틴과 당의 상호 작용으로 젤리화가 진행되면서 잼의 질감이 완성된다.

03_ 졸임 과정

- 라즈베리 잼은 과일 속 펙틴과 설탕, 산의 조화를 통해 점성을 형성하며, 졸이는 과정에서 수분이 증발하면서 점점 농축된다.
- 이 과정을 정확히 조절하면 최적의 점도와 풍미를 가진 잼을 만들 수 있다.

영양학적 효능

01_ 항산화 작용

- 라즈베리는 안토시아닌과 비타민 C가 풍부하여 체내 산화 스트레스를 줄이는 데 효과적이다.
- 노화를 방지하고 면역력을 강화하는 데 도움이 된다.

02_ 소화 건강

- 식이섬유가 풍부하여 장 건강을 유지하고 변비를 예방하는 데 기여한다.
- 과일의 천연 산이 소화 작용을 촉진하여 위장 건강을 개선하는 역할을 한다.

03_ 저혈당지수(GI) 특성

- 설탕이 포함되어 있지만, 과일 자체의 식이섬유가 혈당의 급격한 상승을 완화하는 데 도움이 된다.
- 적당량을 섭취하면 건강한 당 섭취원으로 활용할 수 있다.

재료 준비

• 재료를 계량하여 준비한다.

배합표

A	
재 료 명	무 게(g)
냉동 라즈베리	150
설탕	75
레몬즙	4

제조 공정

01_준비 단계

1. 냉동 라즈베리는 상온에서 해동하여 준비한다.
2. 잼을 장기간 보관할 경우, 유리병을 열탕 소독하여 준비한다.

- 과정 1에서 라즈베리 내부의 얼음 결정이 녹으며 세포벽이 부분적으로 파괴되어 수분과 풍미가 더 쉽게 방출된다.
- 열탕 소독은 병 내부의 미생물을 제거하고, 이후 잼이 변질되는 것을 방지하는 역할을 한다.

02_제조 공정

1. 깊은 냄비에 해동한 냉동 라즈베리와 설탕, 레몬즙을 넣고 강불에서 저어가며 끓인다.
2. 설탕이 녹고 라즈베리에서 나온 수분이 반 이상 차오르면 중불로 줄인다.

- 설탕은 라즈베리에서 수분을 빠르게 추출하는 삼투압 효과를 일으켜 빠른 젤 형성을 돕는다.
- 레몬즙은 산도를 조절하여 펙틴이 응고되기 좋은 환경을 조성하며, 잼의 보존성을 높인다.
- 과정 2에서 라즈베리 내부의 세포벽이 더욱 분해되며, 잼의 점도가 증가하기 시작한다.
- 과정 2에서 불을 줄여 끓이면 과도한 증발을 방지하고, 균일한 농도로 조리할 수 있다.

주걱으로 저어가며 15~20분간 졸인다.

- 지속적으로 저어주면 라즈베리가 고르게 분해되며, 설탕과 레몬즙이 균일하게 혼합된다.
- 이 과정에서 펙틴이 설탕 및 산과 반응하여 점성을 형성하며, 점차 잼의 형태를 갖춘다.
- 시간이 지나면서 수분이 증발하고 농축되면서 걸쭉한 질감이 형성된다.

되직한 상태가 되면 불을 끄고, 열탕 소독 후 물기를 완전히 제거한 유리병에 담아 보관한다.

- 뜨거운 상태에서 병에 담으면 살균 효과가 더욱 증가하며, 밀폐 시 진공 상태가 형성되어 장기간 보관이 가능해진다.
- 병을 뒤집어 식히면 잼이 뚜껑 쪽으로 밀려 공기층이 최소화되어 미생물 번식을 억제하는 효과가 있다.

갸또 오 쇼콜라

(Gâteau au Chocolat)

제품의 특징

01_ 부드럽고 진한 초콜릿 케이크 및 비건 재료 사용

- 다크 초콜릿과 코코아 분말을 사용하여 풍부하고 진한 초콜릿 맛을 느낄 수 있는 갸또 오 쇼콜라이다.

- 두유와 아가베 시럽을 사용하여 유제품과 동물성 재료를 배제한 비건 친화적인 디저트이다.

02_ 라즈베리 잼 필링, 촉촉한 식감

- 케이크 속에 라즈베리 잼을 주입하여 상큼한 맛이 초콜릿의 달콤함과 조화를 이룬다.

- 아몬드 분말과 오일을 사용하여 부드럽고 촉촉한 식감을 유지한다.

03_ 간편한 제조 과정

- 복잡하지 않은 제조 과정으로, 쉽게 고급스러운 초콜릿 케이크를 만들 수 있다.

영양학적 효능

01_ 다크 초콜릿의 항산화 효과, 아몬드 분말의 영양소

- 다크 초콜릿에는 항산화 성분인 플라보노이드가 풍부하여 심혈관 건강에 도움을 줄 수 있다.

- 아몬드에는 비타민 E, 단백질, 식이섬유가 포함되어 있어 피부 건강과 포만감 유지에 기여할 수 있다.

02_ 아가베 시럽의 낮은 혈당지수, 두유의 식물성 단백질

- 아가베 시럽은 혈당지수가 낮아 설탕에 비해 혈당을 천천히 올리기 때문에 당 관리에 도움이 될 수 있다.

- 두유는 식물성 단백질과 칼슘이 풍부하여 뼈 건강과 근육 형성에 도움이 된다.

03_ 라즈베리 잼의 비타민 C

- 라즈베리 잼은 비타민 C가 풍부하여 면역력 강화와 피부 건강에 도움이 될 수 있다.

재료 준비

- A(가루재료)와 B(액체 및 그 외 재료), 충전물을 준비한다.
- 가루재료는 하나의 볼에 담아 계량하고, 다른 볼에 설탕과 소금을 계량한다.

배합표

<table>
<tr><th colspan="2">A</th><th colspan="2">B</th><th colspan="2">충전물</th></tr>
<tr><th>재 료 명</th><th>무 게(g)</th><th>재 료 명</th><th>무 게(g)</th><th>재 료 명</th><th>무 게(g)</th></tr>
<tr><td>박력분</td><td>160</td><td>아가베 시럽</td><td>40</td><td>다크 초콜릿</td><td>50</td></tr>
<tr><td>아몬드 분말</td><td>40</td><td>오일</td><td>40</td><td>라즈베리 잼</td><td>70</td></tr>
<tr><td>베이킹파우더</td><td>6</td><td>두유</td><td>180</td><td></td><td></td></tr>
<tr><td>코코아 분말</td><td>40</td><td>설탕</td><td>60</td><td></td><td></td></tr>
<tr><td></td><td></td><td>소금</td><td>1</td><td></td><td></td></tr>
</table>

제조 공정

01_준비 단계

1. 사용하려는 다크 초콜릿이 비건용인지 확인한다.

2. 다크 초콜릿을 중탕 볼에 담아 중탕하여 준비한다.

- 일반적인 다크 초콜릿에는 유제품 성분(우유 지방, 유청, 카제인 등)이 포함될 수 있으므로 원재료명을 꼼꼼히 확인해야 한다.
- 중탕은 직접적인 열이 아니라 수증기의 온도로 서서히 가열하는 방식으로, 초콜릿이 분리되거나 타지 않도록 한다.

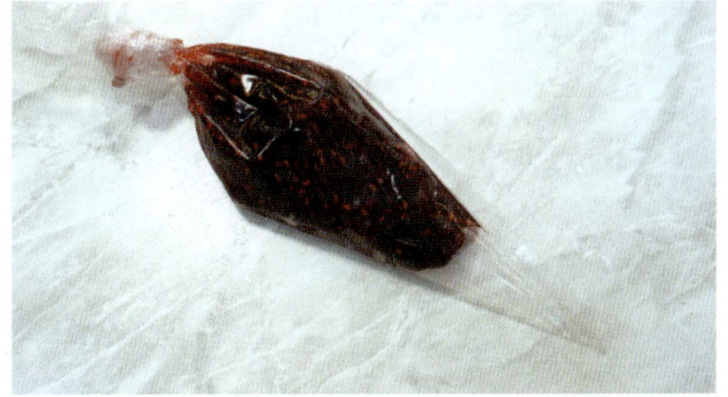

1. 1호 원형 틀(지름 약 15cm)에 유산지를 깔아둔다.

2. 미리 만들어둔 라즈베리 잼을 짤주머니에 담아 준비한다.

- 유산지를 사용하면 구운 후 케이크를 쉽게 분리할 수 있으며, 바닥과 벽면을 균일하게 익히는 데 도움을 준다.
- 라즈베리 잼은 케이크의 단맛과 초콜릿의 쌉싸름한 맛을 조화롭게 만들어주며, 내부에 촉촉한 식감을 더하는 역할을 한다.

02_가루재료 준비

박력분, 아몬드 분말, 베이킹파우더, 코코아 분말을 함께 체질하여 준비한다.

- 체질하는 목적은 가루재료를 고르게 섞고, 덩어리를 제거하여 반죽이 균일하게 분포되도록 하기 위함과 공기를 포함시켜 보다 부드러운 식감을 얻기 위함이다.

03_재료 혼합

두유에 설탕과 소금을 넣고 주걱을 이용하여 설탕이 완전히 녹을 때까지 젓는다.

- 두유는 단백질과 수분을 포함하고 있어 반죽의 점성을 높이는 역할을 한다.
- 설탕은 단맛을 부여할 뿐만 아니라 반죽의 수분 보유력을 높이고, 오븐에서 구울 때 캐러멜화 반응을 일으켜 풍미를 증가시킨다.
- 소금은 단맛을 더욱 강조하고, 초콜릿의 풍미를 깊게 해주는 역할을 한다.

1. 두유 혼합물에 오일을 넣고 유화될 때까지 섞는다.

2. 아가베 시럽을 넣고 가볍게 섞는다.

- 오일은 반죽을 부드럽고 촉촉하게 유지하는 역할을 하며, 달걀이 없는 비건 베이킹에서 중요한 역할을 한다.

- 유화(emulsification)는 수분과 기름 성분이 잘 섞이도록 돕는 과정으로, 충분히 섞어야 반죽이 균일하게 유화된다.

- 아가베 시럽은 천연 감미료로, 설탕보다 점성이 높아 반죽에 부드러움을 더해주며, 단맛이 강하면서도 혈당지수가 낮아 건강을 고려한 선택이 될 수 있다.

체질한 가루재료를 넣고 주걱을 이용하여 자르듯이 섞는다.

- '자르듯이 섞는다'는 것은 반죽에 글루텐이 과도하게 형성되지 않도록 하기 위한 방법이다.

- 박력분은 글루텐 형성이 적은 밀가루이지만, 과도한 혼합은 글루텐을 활성화시켜 케이크가 질겨질 수 있으므로 주의해야 한다.

중탕으로 녹여둔 다크 초콜릿을 넣고 매끄러운 반죽이 되도록 섞는다.

- 초콜릿은 반죽의 점성을 높이며, 특유의 농후한 맛을 부여한다.
- 초콜릿이 반죽과 잘 섞이도록 하기 위해 온도를 맞추는 것이 중요하다. 너무 차가운 반죽에 뜨거운 초콜릿을 넣으면 온도 차이로 인해 초콜릿이 뭉치거나 분리될 수 있으므로, 미지근한 상태에서 혼합하는 것이 이상적이다.

04_팬닝 및 굽기

1. 유산지를 깐 원형 틀에 반죽을 50% 채운다.
2. 반죽 중간에 라즈베리 잼을 짜 넣고, 남은 반죽을 위에 덮는다.

- 반죽을 50%만 채우는 이유는 중간에 라즈베리 잼을 넣을 공간을 확보하고, 나머지 반죽으로 덮어 균일한 두께를 유지하기 위함이다.
- 라즈베리 잼을 반죽 사이에 넣으면 구운 후 케이크를 자를 때 안에서 촉촉하게 흘러나오는 효과를 줄 수 있다.

남은 라즈베리 잼이 있다면 반죽 윗면에 짜서 넣는다.

1. 윗불 180℃, 아랫불 180℃로 예열한 오븐에 넣고 10분간 굽는다.

2. 윗불 170℃, 아랫불 180℃로 온도를 내려 25분간 굽는다.

- 처음 180℃에서 굽는 것은 반죽의 부피를 안정적으로 증가시키기 위함이며, 이후 170℃로 낮추는 것은 내부까지 서서히 익혀 부드러운 식감을 유지하기 위함이다.
- 오븐 온도 조절이 중요한데, 너무 높은 온도에서 계속 구우면 겉면이 타고 속이 익지 않을 수 있으며, 너무 낮으면 충분한 부피 형성이 어렵다.

바나나 파운드 케이크

(Banana Pound Cake)

제품의 특징

01_ 부드럽고 촉촉한 식감

- 바나나의 높은 수분 함량과 아몬드 분말이 반죽에 포함되어 있어 촉촉한 조직을 유지한다.

- 오일과 두유를 사용하여 유제품 없이도 부드러운 식감을 극대화하였다.

02_ 천연 단맛을 활용한 건강한 레시피

- 바나나가 풍부하게 포함되어 있어 천연 당분이 들어가며, 인공 감미료 없이도 자연스러운 단맛을 제공한다.

- 설탕 사용량이 비교적 적어 건강을 고려한 디저트로 적합하다.

03_ 고소한 풍미와 풍부한 맛

- 아몬드 분말을 추가하여 고소한 맛과 깊은 풍미를 더하였다.

- 바닐라 익스트랙을 사용하여 바나나와 조화로운 향을 극대화하였다.

04_ 영양을 고려한 재료 배합

- 두유를 사용하여 유당 불내증이 있는 사람도 부담 없이 섭취할 수 있다.

- 식물성 지방(오일)을 사용하여 동물성 지방 섭취를 줄였다.

05_ 토핑을 활용한 시각적 효과

- 토핑용 바나나를 사용하여 구운 후에도 시각적으로 식욕을 자극하며, 구워진 바나나의 캐러멜화 효과로 더욱 풍미가 깊어진다.

영양학적 효능

01_ 바나나

- 풍부한 칼륨은 혈압 조절과 근육 기능 유지에 도움을 준다.

- 식이섬유는 소화 기능을 원활하게 하며 장 건강에 긍정적인 영향을 준다.

- 천연 당분은 빠르게 에너지를 보충할 수 있어 운동 전후 간식으로 적합하다.

- 트립토판은 행복 호르몬인 세로토닌 생성에 기여하여 기분 안정에 도움을 준다.

02_ 아몬드 분말

- 비타민 E는 항산화 작용을 통해 피부 건강을 돕고 노화 방지 효과가 있다.

- 불포화지방산은 심혈관 건강에 도움을 주며, 콜레스테롤 수치를 조절하는 역할을 한다.

- 식물성 단백질은 근육 형성 및 회복에 기여한다.

03_ 두유

- 식물성 단백질은 동물성 단백질 섭취가 어려운 사람들에게 대체 영양원이 된다.

- 이소플라본은 여성 호르몬과 유사한 작용을 하여 갱년기 증상 완화 및 뼈 건강에 도움을 줄 수 있다.

- 두유에는 유당이 포함되지 않아 소화가 편리하며, 위에 부담을 줄일 수 있다.

재료 준비

- A(가루재료)와 B(액체 및 그 외 재료), 토핑용 바나나를 준비한다.
- 가루재료는 하나의 볼에 담아 계량하고, 다른 볼에 설탕과 소금을 계량한다.

배합표

<table>
<tr><td colspan="2" align="center">A</td><td></td><td colspan="2" align="center">B</td><td></td><td colspan="2" align="center">토핑용</td></tr>
<tr><td>재 료 명</td><td>무 게(g)</td><td></td><td>재 료 명</td><td>무 게(g)</td><td></td><td>재 료 명</td><td>무 게(g)</td></tr>
<tr><td>박력분</td><td>180</td><td></td><td>오일</td><td>30</td><td></td><td>바나나</td><td>1개</td></tr>
<tr><td>아몬드 분말</td><td>30</td><td></td><td>두유</td><td>100</td><td></td><td></td><td></td></tr>
<tr><td>베이킹파우더</td><td>10</td><td></td><td>설탕</td><td>60</td><td></td><td></td><td></td></tr>
<tr><td></td><td></td><td></td><td>소금</td><td>2</td><td></td><td></td><td></td></tr>
<tr><td></td><td></td><td></td><td>바닐라 익스트랙</td><td>3</td><td></td><td></td><td></td></tr>
<tr><td></td><td></td><td></td><td>바나나</td><td>350</td><td></td><td></td><td></td></tr>
</table>

제조 공정

01_준비 단계

1. 잘 익은 바나나를 곱게 으깨어 준비한다.

2. 토핑용 바나나는 절반으로 잘라 윗면에 장식할 준비를 한다.

- 잘 익은 바나나는 전분이 당으로 변환되어 단맛이 강하고 부드러워지므로, 쉽게 으깨질 수 있다. 포크나 핸드 블렌더를 이용해 곱게 으깨어 준비한다.

파운드 틀 내부에 유산지를 깔아 반죽이 달라붙지 않도록 한다.

- 유산지를 활용하면 구운 후 쉽게 꺼낼 수 있어 제품의 형태를 유지하는 데 도움이 된다.

02_가루재료 준비

박력분과 아몬드 분말, 베이킹파우더를 균일하게 혼합 후 체질하여 준비한다.

- 박력분은 다른 종류의 밀가루에 비해 글루텐을 형성하는 단백질의 함량이 낮은 밀가루로 부드러운 조직을 형성한다.
- 아몬드 분말은 유지 성분을 포함하여 촉촉한 식감을 부여하고 풍미를 향상시킨다.
- 이중 작용 베이킹파우더를 사용하면 반죽이 혼합될 때 1차 반응이 일어나고, 오븐에서 열을 받을 때 2차 반응이 일어나 부풀어 오르는 효과를 얻을 수 있다.
- 가루재료를 체질하는 이유는 공기와 함께 섞여 균일한 반죽이 형성되도록 돕고, 덩어리진 부분을 제거하여 혼합을 원활하게 하기 위함이다.

03_재료 혼합

1. 두유에 설탕과 소금을 넣고 주걱으로 저어 설탕이 녹을 때까지 섞는다.
2. 설탕이 녹은 두유 혼합물에 오일을 넣고 유화될 때까지 섞는다.

- 설탕은 반죽의 단맛을 조절할 뿐만 아니라, 글루텐을 약화시키는 역할을 해 조직을 부드럽게 만든다.
- 소금은 단맛을 강조하는 역할을 하며, 다른 재료의 풍미를 높이는 역할을 한다.
- 오일은 버터보다 기포 형성이 어렵기 때문에, 균일하게 섞이도록 충분히 저어야 한다.
- 유화 과정을 거치면 오일과 수분이 잘 섞여 반죽의 균일성을 높이고, 촉촉한 식감을 유지하는 데 도움이 된다.

으깬 바나나와 바닐라 익스트랙을 넣고 잘 섞는다.

- 바나나에는 천연 당분과 펙틴 성분이 포함되어 있어 반죽의 점도를 높이고, 조직을 부드럽게 유지하는 역할을 한다.
- 바나나의 단맛과 수분이 반죽에 골고루 퍼지도록 충분히 젓는다.

체질한 가루재료를 넣고 반죽을 골고루 잘 섞는다.

- 가루재료를 한 번에 넣지 않고, 여러 번 나누어 섞으면 균일한 반죽을 만들 수 있다.
- 지나치게 오래 섞으면 글루텐이 형성되어 조직이 질겨질 수 있으므로, 가볍게 섞어 점성이 유지되도록 한다.

04_팬닝 및 굽기

1. 유산지를 깐 파운드 틀에 반죽을 채운다.

2. 반죽을 평평하게 정리한 후 윗면에 토핑용 바나나를 올린다.

- 반죽을 일정한 높이로 정리하여 균일한 부피를 유지할 수 있도록 한다.
- 바나나는 굽는 과정에서 수분이 증발하면서 맛이 더욱 농축되고, 자연스러운 캐러멜화 반응이 일어나 달콤한 풍미를 극대화한다.

윗불 180℃, 아랫불 200℃로 예열한 오븐에서 30~35분간 굽는다.

- 베이킹 과정에서 베이킹파우더의 작용으로 반죽이 부풀고, 수분이 증발하면서 내부 조직이 형성된다.
- 굽는 동안 오븐의 문을 자주 열지 않도록 주의한다. 온도가 급격히 떨어지면 반죽이 꺼질 수 있다.
- 굽기가 끝난 후에는 틀에서 바로 꺼내지 않고, 약간 식힌 뒤 꺼내야 형태가 무너지지 않는다.

Chapter 03 비건 타르트 · 파이류

비건 타르트지

(❶ 과일 및 견과류 타르트용)

제품의 특징

01_ 동물성 재료 배제

- 버터 대신 비건 버터를 사용하여 식물성 지방으로 바삭한 식감을 구현한다.
- 달걀을 사용하지 않고 물과 소금을 이용해 반죽의 결합력을 조절한다.

02_ 가벼운 맛과 바삭하고 부드러운 텍스처

- 박력분과 슈거파우더의 조합으로 바삭하고 부드러운 텍스처를 만든다.
- 일반 타르트지보다 가벼운 맛을 내며, 과일과 견과류 필링과의 조화가 좋다.

03_ 풍미 조절

- 슈거파우더로 은은한 단맛을 추가하고, 비건 버터를 사용하여 고소한 풍미를 강화한다.
- 소금이 들어가 풍미를 살리고 단맛과 조화를 이룬다.

04_ 비건 과일 및 견과류 타르트지

- 버터와 달걀을 사용하지 않고도 바삭한 식감을 구현하기 위해 박력분과 비건 버터의 조합을 활용한다.
- 슈거파우더로 부드러운 단맛을 추가하고, 물과 소금으로 결합력과 풍미를 조절한다.
- 이러한 배합을 통해 과일 및 견과류 타르트의 필링과 조화를 이루며, 건강하고 가벼운 맛을 살린다.

각 재료의 작동 원리

01_ 건조재료

[박력분]

- 낮은 글루텐 함량으로 바삭하고 부드러운 타르트지를 형성한다.
- 반죽의 조직을 섬세하게 만들어 과일과 견과류 필링과 잘 어우러진다.

[슈거파우더]

- 입자가 미세하여 반죽에 균일하게 섞이며, 부드러운 단맛을 더한다.

- 설탕보다 쉽게 용해되어 반죽의 조직을 부드럽게 하고 균열을 방지한다.

02_ 지방재료

[비건 버터]

- 동물성 버터 대신 사용되며, 반죽에 지방을 공급해 바삭한 식감을 만든다.

- 버터 특유의 풍미는 부족할 수 있으나, 견과류나 코코넛 오일이 포함된 비건 버터를 사용하면
  풍미를 보완할 수 있다.

- 반죽이 부드럽게 섞이도록 돕고, 구운 후 결이 살아있는 크러스트를 형성한다.

03_ 수분 및 보조재료

[물]

- 달걀을 사용하지 않기 때문에 수분 공급원 역할을 하며, 반죽을 결합시키는 역할을 한다.

- 너무 많이 넣으면 글루텐이 과도하게 형성되어 질긴 식감이 될 수 있으므로 적정량이
  중요하다.

[소금]

- 단맛을 강조하고 풍미의 균형을 잡아준다.

- 타르트지가 심심하지 않도록 감칠맛을 추가하는 역할을 한다.

재료 준비

- A(가루재료)와 B(액체 및 그 외 재료)를 준비한다.
- 가루재료는 하나의 볼에 담아 계량한다.

배합표

A		B	
재 료 명	무 게(g)	재 료 명	무 게(g)
박력분	150	비건 버터	80
슈거파우더	50	물	20
		소금	1

제조 공정

01_준비 단계

비건 버터는 사용 전 냉장고에 보관하여 차가운 버터로 사용할 수 있게 준비한다.

- 비건 버터는 일반 버터와 달리 동물성 재료를 전혀 사용하지 않고 두유, 레몬즙, 오일, 코코넛 오일, 카카오 버터 등 다양한 식물성 성분으로 구성되며, 융점(녹는점)이 일반 버터와 다를 수 있다.
- 차가운 상태의 버터를 사용해야 반죽 과정에서 가루재료와 적절히 결합하며, 타르트지의 층이 부드러우면서도 바삭한 식감을 유지할 수 있다.
- 만약 비건 버터가 너무 부드러워지면 가루와 혼합될 때 유화가 강하게 이루어져 반죽이 치대어지는 효과를 만들어 질긴 반죽이 될 가능성이 있다.

02_가루재료 준비

박력분과 슈거파우더를 체질하여 준비한다.

- 박력분(약 8~9% 단백질 함량)은 글루텐 형성을 최소화하여 바삭한 식감을 유지하는 데 도움을 준다.
- 설탕 대신 슈거파우더를 사용하면 반죽이 더 균일하게 섞이고, 바삭한 조직을 형성하는 데 유리하다.
- 체질 과정을 거치면 가루 입자가 고르게 퍼지며 반죽에 균일하게 혼합될 수 있도록 도와준다.

03_재료 혼합

1. 큰 볼에 체질한 가루재료를 넣는다.
2. 소금을 넣고 가볍게 섞는다.

- 소금을 첨가하는 이유는 비건 타르트 반죽은 유제품을 사용하지 않기 때문에 풍미 보강이 필요한데, 소금이 이 역할을
  해주기 때문이다. 또한, 소금은 간을 맞추는 역할과 함께 글루텐의 강도를 조절한다.

차가운 버터를 넣고 플라스틱 스크래퍼를 이용하여 비건 버터에 가루재료를 코팅하며
콩알 크기로 다진다.

- 차가운 비건 버터를 밀가루와 섞을 때 버터가 완전히 녹지 않도록 주의해야 한다.
- 플라스틱 스크래퍼를 이용하여 밀가루가 비건 버터를 감싸도록 섞어주면, 나중에 오븐에서 구울 때 비건 버터가
  녹으며 층이 형성되어 바삭한 타르트지가 완성된다.
- 버터를 너무 작게 다지면 반죽이 치대어져 질긴 식감이 될 수 있으므로, 콩알 크기로 남겨두는 것이 중요하다.

비건 버터가 콩알 크기로 다져지면 물을 넣고 한 덩어리의 반죽으로 만든다.

- 물을 넣으면 밀가루의 단백질이 수분과 만나면서 약간의 글루텐이 형성된다.
- 비건 타르트지는 일반 타르트지보다 글루텐 형성을 더 최소화해야 하므로 물을 과도하게 넣지 않는 것이 중요하다.
- 물이 너무 많으면 점성이 증가해 반죽이 단단해지고, 구운 후 식감이 질겨질 수 있다.

한 덩어리의 반죽을 비닐로 씌워 냉장고에서 30분간 휴지시킨다.

- 반죽을 냉장 휴지하는 이유는 글루텐 형성을 억제하고, 버터가 다시 단단해지면서 타르트지의 바삭한 식감을 유지할
  수 있도록 하기 위함이다.
- 반죽을 충분히 휴지하지 않으면 팬닝 과정에서 늘어지거나, 오븐에서 구울 때 수축이 발생할 수 있다.

04_팬닝

휴지가 끝난 반죽은 5mm 두께로 밀어 편다.

- 반죽을 5mm 두께로 밀어 펼 때 덧가루를 과도하게 뿌리지 않도록 주의해야 한다.
- 밀대로 밀어 펼칠 때 균일한 두께를 유지하면 굽는 동안 열이 고르게 전달되어 완성도가 높아진다.

1. 팬닝한 반죽에 스파이크 롤러나 포크를 이용하여 피케해준다.

2. 준비한 타르트 틀에 팬닝한 후 사용 전 냉동실에서 10~20분간 휴지시킨다.

- 피케란 반죽에 구멍을 내주는 작업을 말하며, 반죽과 오븐 팬 사이에 남아있는 공기가 타르트 구멍으로 빠져나가 반죽이 들리지 않고 평평하게 구워지게 된다.
- 반죽을 틀에 넣은 후 냉동실에서 10~20분간 휴지시키면 굽는 동안 반죽이 수축하는 현상을 방지할 수 있다.

비건 타르트지

(❷ 세이버리 타르트용)

제품의 특징

01_ 동물성 재료 배제

- 버터 대신 오일을 사용하여 반죽을 결합하고 바삭한 식감을 만든다.
- 달걀 없이도 찬물을 활용해 결합력을 형성하며, 불필요한 글루텐 형성을 최소화한다.

02_ 바삭하고 단단한 구조 유지

- 중력분을 사용해 적절한 밀도와 조직감을 부여하고, 필링을 담아도 쉽게 부서지지 않도록 한다.
- 찬물을 활용해 반죽을 치대지 않고 가볍게 섞어 결이 살아있는 크러스트를 만든다.

03_ 고소하고 감칠맛 있는 풍미

- 소금이 풍미를 살려주며, 오일을 사용하여 촉촉하면서도 고소한 맛을 더한다.
- 필링과의 조화를 고려해 심플하면서도 깔끔한 맛을 유지한다.

04_ 비건 세이버리 타르트지

- 중력분과 오일, 찬물을 사용하여 단단하면서도 바삭한 크러스트를 형성하며, 소금으로 감칠맛을 더한다.
- 버터 대신 오일을 활용하여 깔끔한 맛을 내고, 찬물을 사용해 글루텐이 과도하게 형성되지 않도록 조절한다.
- 이를 통해 다양한 세이버리 필링과 조화를 이루며, 담백하고 깔끔한 풍미를 유지할 수 있다.

각 재료의 작동 원리

01_ 건조재료

[중력분]

- 박력분보다 글루텐 함량이 높아 보다 단단하고 탄력 있는 타르트지를 만든다.

- 세이버리 타르트의 필링을 안정적으로 지탱할 수 있도록 적절한 밀도를 형성한다.

[소금]

- 타르트지의 심심한 맛을 보완하고, 풍미를 더욱 강조한다.

- 세이버리 필링과의 조화를 고려하여 감칠맛을 부여한다.

02_ 지방재료

[오일]

- 버터 대신 사용되어 바삭하고 부드러운 조직을 형성한다.

- 버터보다 가벼운 식감을 주며, 타르트지를 더욱 담백하게 만든다.

- 코코넛 오일, 올리브 오일, 해바라기유 등 다양한 오일을 선택할 수 있으며, 오일의 종류에 따라 풍미가 달라진다.

- 버터와 달리 고체 상태가 아니므로, 반죽이 더욱 균일하게 섞이는 장점이 있다.

03_ 수분재료

[찬물]

- 반죽을 결합시키면서도 글루텐 형성을 억제하여 부드러운 식감을 유지한다.

- 찬물을 사용하면 버터 없이도 층이 살아있는 크러스트를 만들 수 있다.

- 물의 양을 조절하여 반죽의 질감을 조정하며, 너무 많이 넣으면 질척해질 위험이 있다.

재료 준비

• 재료를 계량하여 준비한다.

배합표

A	
재 료 명	무 게(g)
중력분	150
오일	50
찬물	40
소금	1

제조 공정

01_가루재료 준비

중력분은 체에 내려 고루 풀어 준비한다.

- 이는 반죽의 균일한 질감을 유지하고 뭉침을 방지하는 역할을 한다.

02_재료 혼합

체질한 중력분에 소금을 골고루 섞는다.

- 소금은 반죽의 맛을 조절하고 글루텐 형성에 영향을 줄 수 있으므로 균일하게 섞는 것이 중요하다.

  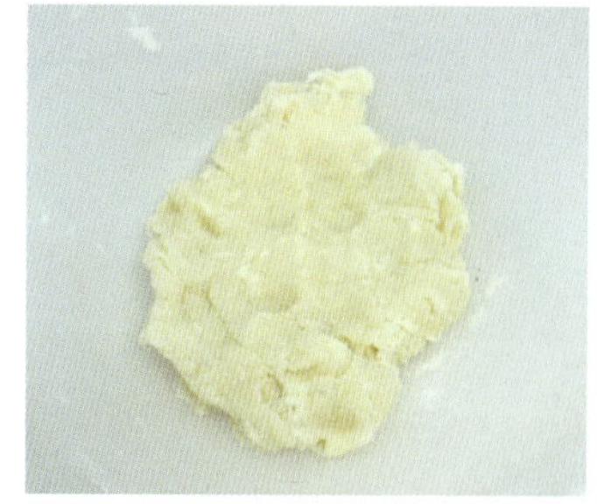

1. 차가운 물과 오일을 넣고 반죽이 한 덩어리가 될 때까지 가볍게 섞는다.

2. 반죽이 한 덩어리로 뭉쳐지면 비닐 랩으로 감싸거나 밀폐 용기에 넣어 냉장고에서 30분간 휴지 시킨다.

- 과정 1에서 과도하게 반죽하지 않도록 주의해야 하며, 손의 온도가 반죽에 전달되지 않도록 최대한 빠르게 작업하는 것이 바람직하다.
- 차가운 물을 사용하는 이유는 글루텐의 과도한 형성을 억제하여 반죽이 질겨지는 것을 방지하기 위함이다.
- 휴지는 반죽 내 글루텐의 긴장을 풀어 작업성을 높이며, 반죽의 수분이 골고루 퍼지도록 돕는다.

03_팬닝

1. 충분히 휴지된 반죽을 꺼내 작업대 위에 올린다.

2. 밀대를 이용해 반죽을 5mm 두께로 일정하게 밀어 편다.

3. 밀어 편 반죽을 타르트 틀 위에 조심스럽게 올린 후, 손이나 밀대를 이용해 틀에 밀착시킨다.

- 반죽이 차가울 경우 다루기 쉽도록 몇 분간 실온에서 두어 살짝 부드러워지게 한다.
- 반죽이 밀대에 달라붙지 않도록 밀가루를 적당히 뿌려가며 작업한다.
- 반죽이 틀에 고르게 닿도록 손가락을 이용해 가장자리까지 누른다.

1. 남는 반죽은 밀대로 윗면을 굴려 정리하거나, 칼을 사용하여 과하게 늘어난 부분을 제거한다.

2. 반죽의 바닥에 포크로 고르게 구멍을 뚫어(도킹) 굽는 동안 기포가 생기지 않도록 한다.

Plus

비건 타르트지

타르트의 유래와 특징

타르트(Tart)는 프랑스에서 유래한 대표적인 서양 디저트로, 바삭한 반죽(Base) 위에 다양한 필링(Filling)을 올려 구워낸 형태를 가진다. 기원은 중세 유럽까지 거슬러 올라가며, 초기에는 주로 고기와 채소를 넣은 세이버리(Savory) 타르트로 발전했다. 이후 과일과 크림을 활용한 스위트(Sweet) 타르트가 인기를 끌면서 프랑스를 중심으로 다양한 변형이 나타났다.

타르트의 특징은 얇고 바삭한 타르트 쉘(Tart shell)과 그 위에 올려지는 필링의 조화에 있다. 일반적으로 밀가루, 버터, 설탕, 달걀 등의 재료를 사용하여 반죽을 만들며, 크러스트의 식감을 살리기 위해 단단하면서도 부드러운 텍스처를 유지하는 것이 중요하다. 필링은 과일, 크림, 초콜릿 등 다양한 재료로 구성할 수 있으며, 필링의 종류에 따라 타르트의 맛과 질감이 달라진다.

최근에는 건강과 윤리적 소비를 고려하는 사람들이 증가하면서, 동물성 재료를 사용하지 않은 비건 타르트가 인기를 얻고 있다. 비건 타르트는 일반적인 타르트와 비슷한 형태를 유지하지만, 버터, 우유, 달걀 등의 동물성 성분을 대체할 수 있는 식물성 재료를 활용한다.

하지만 전통적인 타르트 특유의 깊은 풍미는 다소 줄어들 수 있어, 이를 보완하기 위해 견과류 가루(아몬드 분말 등)를 첨가하거나 오일의 종류를 조절하는 등의 조리법이 연구되고 있다.

일반 타르트지와 비건 타르트지의 재료와 작용 원리 비교

01_일반 타르트지의 재료와 작용 원리

- 버터를 사용하여 바삭하면서도 풍미가 깊은 타르트 쉘을 형성한다.
- 달걀을 사용하여 반죽의 결합력을 높이며, 구운 후에도 단단한 구조를 유지한다.
- 밀가루의 글루텐을 적게 형성하기 위해 박력분을 사용하여 부드러운 식감을 만든다.

02_비건 타르트지의 재료와 작용 원리

- 버터 대신 비건 마가린이나 코코넛 오일을 사용하여 동물성 지방을 배제하고, 비슷한 바삭한 질감을 유지한다.
- 달걀 대신 아쿠아파바(병아리콩 물)나 두유를 사용하여 반죽의 점도를 높이고 결합력을 보완한다.
- 정제 설탕 대신 비정제 사탕수수당이나 메이플 시럽을 활용하여 자연스러운 단맛을 강조하고 건강한 이미지를 부각시킨다.

일반 타르트지와 비건 타르트지의 차이점

01_지방원

- 일반 타르트지는 버터를 사용해 깊은 풍미와 바삭한 식감을 갖는다.
- 비건 타르트지는 비건 마가린이나 코코넛 오일을 사용해 유사한 식감을 내지만 향이 다를 수 있다.

02_결합제

- 일반 타르트지는 달걀을 사용해 점성을 높이고 반죽을 단단하게 만든다.
- 비건 타르트지는 아쿠아파바나 두유로 대체하지만 완전히 동일한 효과를 내기는 어렵다.

03_감미료

- 일반 타르트지는 정제 설탕을 사용해 단맛이 뚜렷하고 깔끔하다.
- 비건 타르트지는 비정제 사탕수수당이나 메이플 시럽을 사용해 천연 감미료로 건강한 이미지를 부각한다.

04_풍미 차이

- 일반 타르트지는 버터와 달걀의 풍미로 고소한 맛이 강하다.
- 비건 타르트지는 식물성 지방과 천연 감미료로 깔끔하고 가벼운 맛을 강조한다.

비건 타르트지는 일반 타르트지에서 사용하는 버터 대신 식물성 오일을 활용하여 만드는 것이 특징이다. 그러나 이러한 대체 재료의 특성상 작업 과정에서 여러 가지 문제점이 발생할 수 있으며, 이는 제품의 완성도에 직접적인 영향을 미친다. 특히 반죽의 물성, 작업 온도, 숙성 시간, 성형 및 굽기 과정에서 발생하는 문제들은 오일의 물리적 특성과 밀접한 관련이 있으며, 이를 정확히 이해하고 해결책을 마련하는 것이 중요하다.

첫째, 반죽이 지나치게 부드럽고 퍼지는 문제가 있다. 이는 오일이 버터에 비해 녹는점이 낮고 반죽 내에서 고체 형태로 유지되지 않기 때문에 발생한다. 이러한 경우에는 반죽의 수분을 줄이고, 밀가루의 비율을 미세하게 조정해 점성을 높이는 것이 필요하다. 또한 반죽을 만든 직후에는 매우 부드럽기 때문에, 반죽을 최소 30분 이상 냉장 숙성하여 충분히 단단해지도록 한다. 작업 도중에도 반죽이 느슨해질 경우 냉장 휴지를 반복적으로 실시하여 형태를 유지한다.

둘째, 오일을 사용한 반죽은 일반 버터 반죽보다 글루텐 형성이 빨리 일어나기 때문에, 작업 중 반죽이 수축하거나 질겨지는 현상이 나타날 수 있다. 이를 방지하려면 반죽을 절대 과도하게 치대지 말고, 최소한의 혼합으로만 글루텐 형성을 억제한다. 성형 후에는 반드시 냉장 휴지를 하여 반죽이 안정된 상태에서 구워야 수축 현상을 줄일 수 있다.

셋째, 바닥이 들뜨거나 부풀어 오르는 현상은 오일을 사용한 반죽에서도 마찬가지로 발생할 수 있으며, 이는 도킹(Docking) 부족이나 블라인드 베이킹 생략으로 인한 것이다. 따라서 타르트 팬에 반죽을 넣은 뒤 포크 등으로 바닥 전체를 고르게 도킹하고, 유산지 위에 베이킹 비즈나 마른 콩을 올려 블라인드 베이킹을 반드시 실시해야 한다. 이는 타르트지의 바닥 모양과 식감을 일정하게 유지하는 데 효과적이다.

넷째, 반죽이 오븐에서 흐물거리거나 가장자리가 무너지는 경우가 있다. 이는 오일이 가열되면서 빠르게 액화되어 반죽이 형태를 잡지 못하고 퍼지는 현상이다. 이를 막기 위해서는 반죽을 팬에 성형한 후 최소 30분 이상 냉장 또는 냉동 상태로 굳힌 뒤 오븐에 넣는 것이 중요하다. 또한 타르트 팬의 형태를 잘 유지해주는 금속 팬을 사용하는 것이 안정적인 구조 유지에 도움을 준다.

비건 키슈

(Vegan Quiche)

제품의 특징

01_ 비건 친화적 요리

- 전통적인 키슈와 달리 달걀, 유제품을 사용하지 않고 식물성 재료만으로 만든 비건 친화적 요리이다.
- 애호박, 파프리카, 양송이, 감자 등 다양한 채소가 들어가 풍부한 식감과 영양을 제공한다.

02_ 영양효모와 강황 사용, 촉촉한 필링

- 영양효모와 강황을 사용해 고소한 맛과 황금빛 색감을 더하고, 면역력 증진에도 도움이 된다.
- 순두부를 사용해 달걀을 대신한 부드럽고 촉촉한 필링을 만들며, 오레가노와 바질로 풍미를 더하였다.

03_ 건강한 타르트 크러스트

- 중력분과 오일로 만든 바삭한 크러스트가 채소와 필링을 감싸며, 겉은 바삭하고 속은 촉촉한 완성도를 자랑한다.

영양학적 효능

01_ 순두부의 식물성 단백질 및 영양효모의 비타민 B

- 순두부는 고단백 식물성 재료로, 근육 형성과 포만감 유지에 도움을 준다.
- 영양효모는 비타민 B군이 풍부해 에너지 대사와 피로 회복에 기여한다.

02_ 강황의 항염 효과 및 채소의 비타민과 미네랄

- 강황에 포함된 커큐민 성분은 항염증과 항산화 작용을 통해 면역력 강화와 세포 보호에 도움을 준다.
- 애호박, 파프리카, 감자, 방울토마토 등 다양한 채소는 비타민 C, 비타민 A, 칼륨, 식이섬유가 풍부하여 면역력 증진과 소화 개선에 기여한다.

재료 준비

- A(액체 및 그 외 재료)와 충전물 및 장식재료를 준비한다.

배합표

A		충전물 및 장식
재 료 명	무 게(g)	재 료 명
순두부	200	애호박
올리브오일	12	파프리카
소금	5	양파
전분	8	양송이버섯
영양효모	7	감자
강황가루	1	방울토마토
건바질	0.5	블랙 올리브
건오레가노	0.5	

제조 공정

01_준비 단계

1. 감자는 껍질을 벗긴 후 얇게 썰어 후추와 소금으로 간한다.

2. 애호박은 동그란 모양으로 얇게 썰어 후추와 소금으로 간한다.

- 감자는 껍질을 벗긴 후 얇게 썰어 식감이 균일하도록 한다.
- 감자는 전분이 많아 조리 과정에서 쉽게 부서질 수 있으므로, 후추와 소금으로 간한 후 한 번 살짝 볶아 표면을
  코팅하면 형태 유지에 도움이 된다.

1. 파프리카와 양파는 길게 썰어 준비한다.

2. 방울토마토는 반으로 잘라 준비하고, 양송이는 얇게 썬다.

- 파프리카와 양파는 길게 썰어 풍미가 고르게 퍼지도록 한다.
- 방울토마토는 수분이 많아 키슈의 필링에 영향을 줄 수 있으므로, 반으로 잘라 준비해 조리 시 내부 수분이 적절히
  증발할 수 있도록 한다.
- 양송이버섯은 얇게 썰어 조리 시 균일하게 익도록 한다.

1. 방울토마토를 제외한 모든 채소는 오일을 두른 프라이팬에 한 종류씩 따로 볶는다.

2. 볶아진 채소를 넓게 펼쳐 식힌다.

- 과정 1에서 각 채소의 수분 함량과 조리 시간이 다르기 때문에, 개별적으로 볶아 최적의 식감을 유지하기 위함이다.

- 뜨거운 채소를 바로 타르트지에 올리면 수분이 발생하여 반죽이 눅눅해질 수 있으므로, 과정 2를 거쳐야 바삭한
  타르트지를 유지할 수 있다.

세이버리용 타르트지를 팬닝한 타르트 틀을 준비한다.

- 타르트지는 바삭한 식감을 위해 충분히 차가운 상태에서 작업해야 하며, 필요하면 사전에 블라인드 베이킹(속재료
  없이 먼저 구워주는 과정)을 하면 수분 흡수를 최소화할 수 있다.

02_재료 혼합

순두부에 올리브오일, 소금, 전분, 영양효모, 강황가루를 넣고 거품기로 잘 섞는다.

- 키슈의 필링은 크림이나 달걀을 사용하지 않고, 식물성 재료인 순두부를 활용하여 건강한 텍스처를 구현한다.
- 순두부는 크리미한 질감을 만들어주며, 베이킹 후에도 부드러운 텍스처를 유지하도록 돕는다.
- 전분은 필링을 응고시키는 역할을 하며, 베이킹 시 식감을 단단하게 유지하는 데 기여한다.
- 영양효모는 감칠맛을 강화하고, 치즈 같은 고소한 풍미를 추가한다.
- 강황가루는 색감을 부드럽고 노르스름하게 만들어 시각적으로도 먹음직스러운 효과를 준다.

건바질과 건오레가노 분말을 넣고 섞어 필링의 향을 풍부하게 한다.

- 허브는 오븐에서 구울 때 향이 더욱 살아나기 때문에, 조리 후에도 깊은 풍미를 유지하는 역할을 한다.

1. 타르트지에 볶아둔 감자, 애호박, 가지, 파프리카, 양파를 적당량 올려 균형 잡힌 맛을 구현한다.

2. 필링을 타르트지에 올려 채운 후, 윗면을 평평하게 정리한다.

3. 방울토마토, 양송이버섯, 블랙 올리브를 필링 위에 올려 시각적 조화를 이룬다.

4. 윗불 180℃, 아랫불 200℃로 예열한 오븐에 넣고 40~50분간 굽는다.

- 윗불 온도(180℃)는 내부까지 천천히 익히면서 필링이 단단해지도록 유도한다.
- 아랫불 온도(200℃)는 타르트지의 표면을 바삭하게 만들고, 장식된 채소의 색감을 살려준다.
- 굽는 중간에 표면이 너무 빨리 색이 날 경우, 알루미늄 포일을 덮어주면 골고루 익는 데 도움이 된다.

오븐에서 꺼낸 후 10~15분간 식혀 마무리한다.

- 오븐에서 꺼낸 후, 키슈는 바로 자르지 않고 10~15분간 식힌 후 썰어야 깔끔한 단면을 유지할 수 있다.
- 키슈는 온도가 내려가면서 필링이 더욱 단단해지므로, 적절한 식힘 과정이 필수적이다.
- 완성된 키슈는 바삭한 타르트지와 부드러운 필링, 깊은 채소의 풍미가 조화를 이루는 건강한 메뉴로 완성된다.

과일 타르트

(Fruit Tart)

제품의 특징

01_ 아몬드 크림 기반, 비건 타르트

- 아몬드 분말을 사용한 부드럽고 고소한 아몬드 크림이 타르트의 주된 필링을 이루고 있다.
- 유제품과 달걀을 사용하지 않은 비건 타르트로, 아가베 시럽과 오일을 사용해 풍미를 더했다.

02_ 과일 토핑, 크리미한 식감

- 구하기 쉬운 황도를 사용해 달콤한 과일 토핑을 올렸으며, 시각적인 아름다움과 달콤한 맛을 동시에 제공한다.
- 오일과 아가베 시럽을 사용해 타르트 크림이 부드럽고 촉촉한 식감을 유지한다.

03_ 간편한 제조 과정

- 복잡하지 않은 과정으로 비건 친화적인 고급 디저트를 손쉽게 만들 수 있다.

영양학적 효능

01_ 아몬드의 영양소, 아가베 시럽의 낮은 혈당지수

- 아몬드는 비타민 E, 식이섬유, 단백질이 풍부하여 피부 건강, 심혈관 건강 그리고 포만감 유지에 도움이 된다.
- 아가베 시럽은 혈당지수가 낮아 혈당을 천천히 올리므로 혈당 관리가 필요한 사람들에게 유익하다.

02_ 오일의 건강한 지방, 저지방 · 저콜레스테롤 디저트

- 오일에는 불포화지방산이 포함되어 있어, 콜레스테롤 수치를 낮추고 심혈관 건강에 기여한다.
- 오일과 아가베 시럽을 사용한 저지방·저콜레스테롤 디저트로, 건강을 고려한 선택이다.

재료 준비

- A(가루재료)와 B(액체 및 그 외 재료), 장식재료를 준비한다.
- 가루재료는 하나의 볼에 담아 계량한다.

배합표

<table>
<tr><td colspan="2" align="center">A</td><td colspan="2" align="center">B</td><td colspan="2" align="center">장식</td></tr>
<tr><td>재 료 명</td><td>무 게(g)</td><td>재 료 명</td><td>무 게(g)</td><td>재 료 명</td><td>무 게(g)</td></tr>
<tr><td>아몬드 분말</td><td>60</td><td>설탕</td><td>27</td><td>황도</td><td>2개</td></tr>
<tr><td>박력분</td><td>45</td><td>소금</td><td>1</td><td></td><td></td></tr>
<tr><td>베이킹파우더</td><td>6</td><td>오일</td><td>30</td><td></td><td></td></tr>
<tr><td></td><td></td><td>아가베 시럽</td><td>27</td><td></td><td></td></tr>
<tr><td></td><td></td><td>물</td><td>67</td><td></td><td></td></tr>
</table>

제조 공정

01_준비 단계

비건 타르트지를 만든 후 5mm 두께로 밀어 타르트 틀에 팬닝한다.

- 반죽을 5mm 두께로 밀어 틀에 넣으면 일정한 두께를 유지할 수 있으며, 구울 때 모양이 유지된다.
- 반죽을 틀에 맞춰 펴줄 때 과도하게 늘어나지 않도록 주의해야 한다. 억지로 늘리면 구울 때 수축하여 모양이 무너질 수 있다.

냉동실에서 10~20분간 휴지시킨다.

- 차가운 상태로 휴지시키면 비건 버터가 단단해지면서 반죽이 더 안정된다.
- 구울 때 반죽이 과하게 퍼지거나 모양이 흐트러지는 것을 방지하고, 수축 현상을 최소화할 수 있다.

 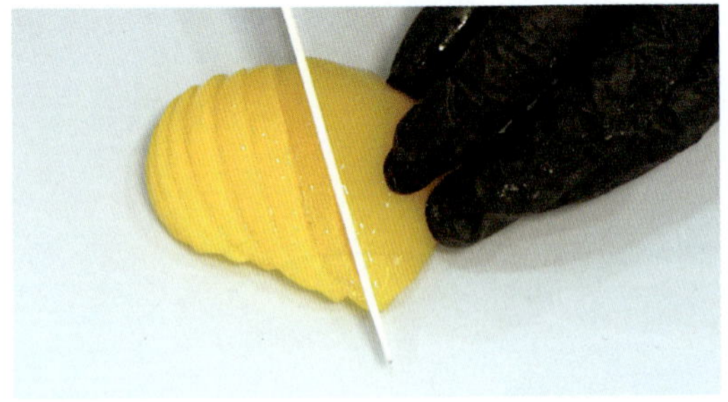

황도 통조림의 물기를 제거한 후 칼을 이용하여 잘게 잘라 준비한다.

- 과일의 수분이 많으면 구울 때 타르트지에 스며들어 바삭함이 감소할 수 있으므로, 물기를 충분히 제거해야 한다.
- 물기를 제거한 후 잘게 자르면 과일이 균일하게 분포되어 굽는 과정에서 수분이 과도하게 빠지는 현상을 방지할 수 있다.

02_가루재료 준비

박력분과 아몬드 분말, 베이킹파우더를 체질하여 준비한다.

- 박력분(저단백 밀가루)을 사용하는 이유는 박력분(단백질 함량 8~9%)은 글루텐 형성을 최소화하여 부드러운 식감을 유지하는 데 적합하기 때문이다. 강력분을 사용하면 글루텐이 형성되어 질긴 식감이 될 수 있으니 유의해야 한다.
- 아몬드 분말은 풍미를 더할 뿐만 아니라 크림의 부드러움을 증가시키며, 지방 함량이 높아 충전물이 퍽퍽해지는 것을 방지하고, 구웠을 때 촉촉한 식감을 유지할 수 있도록 도와주는 역할을 한다.
- 베이킹파우더는 화학적 팽창제로서, 크림의 질감을 가볍게 하고 부드러운 식감을 형성하는 역할을 한다. 너무 많이 사용하면 텁텁한 맛이 날 수 있으므로 적정량만 넣어야 한다.

03_재료 혼합

오일에 설탕과 소금을 넣고 설탕이 녹을 때까지 섞는다.

- 오일을 먼저 설탕과 소금과 함께 섞으면 설탕이 녹으면서 부드러운 크림 질감을 형성할 수 있다.
- 소금은 단순한 간 역할뿐만 아니라 오일의 풍미를 높이고, 크림의 밸런스를 맞춰준다.

아가베 시럽과 물을 넣고 재료들이 잘 섞이도록 섞는다.

- 아가베 시럽은 천연 감미료로서 설탕보다 빠르게 액체 상태로 퍼지므로, 크림의 부드러움을 유지하는 데 유리하다.
- 물을 추가하여 점도를 조절하면 크림이 더 쉽게 섞이고 부드러워진다.

1. 오일 혼합물에 체질한 가루재료를 넣고 거품기로 섞어 부드러운 크림을 만든다.

2. 짤주머니에 담아 사용할 준비를 한다.

- 오일 혼합물에 체질한 가루재료를 넣고 섞으면 부드러운 크림이 완성된다.
- 이때 너무 세게 섞으면 글루텐이 형성될 수 있으므로 가볍게 섞는 것이 중요하다.

04_팬닝 및 굽기

휴지가 끝난 타르트지에 아몬드 크림을 80% 정도 채운다.

- 크림을 너무 가득 채우면 구울 때 부풀어 넘칠 수 있다.
- 크림이 열을 받아 부풀면서 자연스럽게 볼륨감을 형성하기 때문에 80% 정도 채우는 것이 적당하다.

윗면에 준비한 황도로 장식한다.

- 과일을 위에 올릴 때 균일하게 배치해야 오븐에서 구워졌을 때 형태가 고르게 유지된다.
- 과일을 크림 위에 올리면 크림 속에 자연스럽게 침투하며, 타르트의 촉촉한 식감을 더욱 강조할 수 있다.

윗불 170℃, 아랫불 180℃로 예열한 오븐에 넣고 25~30분간 굽는다.

- 윗불 170℃, 아랫불 180℃로 예열한 오븐에서 25~30분간 굽는 것은 타르트지와 크림의 조화를 맞추는 데 최적의 온도와 시간이다.
- 너무 높은 온도에서 구우면 타르트지가 빠르게 타버릴 수 있고, 너무 낮은 온도에서 구우면 크림이 익는 속도가 느려져 원하는 식감을 얻기 어렵다.
- 크림이 완전히 익었는지 확인하려면 살짝 눌러보았을 때 반죽이 묻어나지 않고 단단한 상태가 되어야 한다.

호두파이

(Walnut Pie)

제품의 특징

01_ 고소한 호두 풍미, 비건 친화적

- 호두 분태와 호두 반태가 풍부하게 들어가 고소한 맛과 바삭한 식감을 느낄 수 있는 호두파이이다.
- 유제품과 달걀을 사용하지 않고 두유와 오일로 만들어진 비건 타르트이다.

02_ 시나몬 크림 필링, 달콤한 조청과 흑설탕 사용

- 아몬드 분말과 시나몬 파우더가 들어간 향긋한 시나몬 크림으로, 풍미를 더해준다.
- 조청과 흑설탕이 들어가 풍부한 단맛을 제공하면서도 천연 감미료로 건강을 고려했다.

03_ 아름다운 장식

- 윗면에 호두 반태를 장식해 비주얼적으로도 매력적인 파이이다.

영양학적 효능

01_ 호두의 건강한 지방, 아몬드 분말의 영양소

- 호두는 불포화지방산이 풍부하여 심혈관 건강을 개선하고, 두뇌 활동을 촉진하는 데 도움이 된다.
- 아몬드 분말은 비타민 E와 단백질, 식이섬유가 풍부하여 피부 건강과 포만감 유지, 소화 기능에 기여한다.

02_ 조청의 천연 단맛, 두유의 식물성 단백질

- 조청은 천연 감미료로, 일반 설탕에 비해 혈당을 천천히 상승시키며 건강한 단맛을 제공한다.
- 두유는 식물성 단백질과 칼슘이 풍부하여 근육 형성과 뼈 건강에 기여한다.

03_ 시나몬의 항염 효과

- 시나몬에는 항염증 성분이 있어, 염증 완화와 혈당 조절에 도움을 줄 수 있다.

재료 준비

- A(가루재료)와 B(액체 및 그 외 재료), 충전물 및 장식재료를 준비한다.
- 가루재료는 하나의 볼에 담아 계량하고, 다른 볼에 흑설탕과 소금을 준비한다.

배합표

<table>
<tr><th colspan="2">A</th><th colspan="2">B</th><th colspan="2">충전물 및 장식</th></tr>
<tr><th>재 료 명</th><th>무 게(g)</th><th>재 료 명</th><th>무 게(g)</th><th>재 료 명</th><th>무 게(g)</th></tr>
<tr><td>아몬드 분말</td><td>100</td><td>오일</td><td>20</td><td>호두 분태</td><td>40</td></tr>
<tr><td>박력분</td><td>50</td><td>두유</td><td>70</td><td>호두 반태</td><td>6개</td></tr>
<tr><td>시나몬 분말</td><td>1</td><td>조청</td><td>50</td><td></td><td></td></tr>
<tr><td>베이킹파우더</td><td>6</td><td>흑설탕</td><td>60</td><td></td><td></td></tr>
<tr><td></td><td></td><td>소금</td><td>1</td><td></td><td></td></tr>
</table>

제조 공정

01_준비 단계

호두는 170℃로 예열된 오븐에 넣어 약 5분간 구운 후 식힌다.

- 이 과정은 호두에 포함된 수분을 제거하고 고소한 풍미를 극대화하는 역할을 한다.
- 오븐에서 가열되면서 호두 속 지방이 산화되기 쉬운 상태가 되므로 신선한 상태에서 사용하는 것이 중요하다.

견과류용 타르트지를 5mm 두께로 팬닝한 타르트 틀을 준비한다.

- 타르트지는 반죽에 포함된 지방이 단백질 및 전분과 결합하여 조직을 형성하는 과정이므로, 반죽을 과도하게 치대지 않도록 주의해야 한다.
- 타르트지는 굽는 동안 수축하는 성질이 있으므로, 틀에 밀착시키고 충분한 냉장 휴지를 통해 글루텐을 안정화하는 것이 중요하다.

02_가루재료 준비

박력분과 아몬드 분말, 베이킹파우더, 시나몬 분말을 체질하여 준비한다.

- 체질은 가루재료의 균일한 혼합을 돕고, 입자 사이에 공기를 포함시켜 반죽의 부드러움을 증가시킨다.
- 박력분은 글루텐 함량이 낮아 부드러운 식감을 형성하며, 아몬드 분말은 지방 함량이 높아 고소한 풍미와 함께 촉촉한 식감을 더한다.
- 베이킹파우더는 반죽을 부풀리는 역할을 하며, 시나몬 분말은 특유의 향미를 부여하여 풍미를 강화한다.

03_재료 혼합

두유에 흑설탕과 소금을 넣고 거품기를 이용하여 잘 섞이도록 섞는다.

- 흑설탕은 수분 함량이 높은 당류로, 필링의 점성을 높이고 풍미를 깊게 한다.
- 소금은 단맛을 강조하고, 견과류의 고소한 맛을 더욱 돋보이게 하는 역할을 한다.

두유 혼합물에 오일을 넣고 유화될 때까지 섞는다.

- 오일과 두유는 서로 섞이지 않는 성질이 있으므로, 충분한 혼합을 통해 균일한 유화 상태를 유지해야 한다.
- 이 과정에서 오일이 액체재료에 미세하게 분산되면서 크림처럼 부드러운 텍스처가 형성된다.

조청을 넣고 섞는다.

- 조청은 점성이 높아 필링의 질감을 부드럽게 하며, 수분 보유력을 높여 촉촉한 조직을 유지하는 역할을 한다.
- 조청의 자연스러운 단맛은 흑설탕과 조화를 이루어 깊은 풍미를 제공한다.

1. 체질한 가루재료를 넣고 부드러운 크림 상태가 되도록 섞는다.

2. 혼합된 반죽을 짤주머니에 담아 팬닝을 준비한다.

- 과정 1에서 박력분의 글루텐이 형성될 수 있으므로, 과도한 반죽을 방지하여 부드러운 필링을 유지하는 것이 중요하다.

04_팬닝 및 굽기

타르트 틀에 전처리한 호두 분태를 균일하게 올린다.

- 호두는 구울 때 기름기가 많아져 필링과 잘 섞이지 않으므로, 미리 배치하여 전체적으로 골고루 퍼지게 한다.

1. 짤주머니에 담은 크림 필링을 80% 정도 채운다.

2. 윗면에 호두 반태를 올려 장식한다.

- 필링이 너무 많으면 굽는 과정에서 넘칠 수 있으므로, 적절한 양을 유지해야 한다.
- 호두를 장식함으로써 비주얼적인 완성도를 높이며, 구운 후 더욱 고소한 맛을 강조할 수 있다.

윗불 170℃, 아랫불 180℃로 예열한 오븐에서 20~25분간 굽는다.

- 굽는 동안 필링 내부의 수분이 증발하며 구조가 안정화되고, 베이킹파우더의 작용으로 필링이 약간 부풀면서 부드러운 식감을 형성한다.
- 표면이 적절히 갈색으로 변하며 캐러멜라이징이 이루어지면 완성된다.

초코타르트

(Choco Tart)

제품의 특징

01_ 건강 지향적인 재료 사용

- 버터나 생크림 대신 순두부를 사용하여 지방 함량을 낮추고, 담백한 맛을 강조하였다.
- 동물성 지방이 아닌 식물성 단백질을 주원료로 하여 건강한 디저트를 지향한다.

02_ 깊은 초콜릿 풍미

- 다크 초콜릿을 사용하여 진한 초콜릿 맛과 향을 극대화하였다.
- 초콜릿의 쌉싸름한 맛과 순두부의 부드러움이 조화를 이루어 감칠맛을 높인다.

03_ 신선한 산미 조화

- 레몬즙을 소량 첨가하여 초콜릿의 풍미를 돋우고, 자연스러운 산미를 부여하였다.
- 레몬즙의 산도가 초콜릿과 순두부의 부드러운 질감을 더욱 강조하는 역할을 한다.

04_ 식물성 단백질 디저트

- 순두부를 베이스로 하여 단백질 함량을 높이고, 부드러운 크림 질감을 제공한다.
- 일반적인 초코 타르트보다 소화가 용이하며, 부담 없이 즐길 수 있는 디저트이다.

영양학적 효능

01_ 순두부의 효능

- 양질의 식물성 단백질을 함유하고 있어 근육 형성 및 체내 대사에 도움을 준다.

- 체내에서 쉽게 소화되고 흡수되며, 부담 없는 단백질 공급원으로 활용할 수 있다.

02_ 다크 초콜릿의 효능

- 다크 초콜릿에 함유된 폴리페놀과 플라보노이드는 강력한 항산화 작용을 하여 세포 노화를 방지하고, 혈액 순환을 개선하는 효과가 있다.

- 심혈관 건강에도 긍정적인 영향을 미쳐 혈압 조절 및 심장 질환 예방에 도움이 된다.

03_ 레몬즙의 효능

- 비타민 C가 풍부하여 면역력을 강화하고, 피부 건강에 기여한다.

- 신진대사를 촉진하고 피로 회복을 돕는 역할을 한다.

04_ 저지방, 건강한 지방 섭취

- 동물성 지방 대신 식물성 원료로 구성되어 있어 포화지방 섭취를 줄일 수 있다.

- 체내 지방 축적을 최소화하면서도 건강한 에너지를 공급하는 데 기여한다.

재료 준비

- A(액체 및 그 외 재료)와 만들어둔 타르트지를 준비한다.

배합표

A			B	
재 료 명	무 게(g)		재 료 명	무 게(g)
순두부	170		타르트지 ❶	
다크 초콜릿	130			
레몬즙	2			

제조 공정

01_준비 단계

견과류용 타르트지를 5mm 두께로 팬닝한 타르트 틀을 준비한다.

- 타르트지는 구울 때 수축이 일어날 수 있으므로, 틀에 밀착시키면서 정교하게 팬닝하는 것이 중요하다.
- 타르트 반죽에는 버터가 포함되어 있어 저온에서 굳어있는 상태이며, 구울 때 지방이 녹으며 층이 형성된다.

순두부는 체에 받쳐 10분간 물기를 제거한다.

- 순두부의 수분이 많으면 초콜릿과 혼합 시 질감이 균일하지 않을 수 있으며, 크림이 분리될 가능성이 높아진다.

다크 초콜릿을 적절한 크기로 자른 후 중탕 볼에 담아 중탕한다.

- 초콜릿은 40~50℃ 사이에서 서서히 녹이며, 과열되면 지방과 고형분이 분리될 위험이 있다.
- 초콜릿의 카카오 버터 성분은 온도 변화에 민감하여, 적절한 온도로 유지하며 녹이는 것이 중요하다.

02_재료 혼합

1. 물기를 충분히 제거한 순두부와 중탕한 다크 초콜릿, 레몬즙을 믹서기에 넣는다.

2. 믹서기를 이용해 곱게 갈아 크림 상태로 만든다.

- 레몬즙은 초콜릿 크림에 약산성을 부여해 풍미를 더하며, 순두부의 단백질과 결합해 부드러운 질감을 형성하는
  역할을 한다.
- 혼합 과정에서 과도한 공기 혼입을 방지해야 하며, 크림의 질감이 매끄럽고 균일하게 유지되도록 충분히 간다.

03_팬닝 및 굽기

팬닝한 타르트지에 유산지를 깔고 누름돌을 올린 후 윗불 170℃, 아랫불 180℃에서 20~25분간
굽는다.

- 타르트 반죽은 굽는 과정에서 버터가 녹으며 반죽이 안정적으로 고형화된다.
- 누름돌은 타르트 반죽이 부풀거나 수축하는 것을 방지하는 역할을 하며, 타르트 바닥이 균일하게 구워지도록 돕는다.

1. 구운 타르트 쉘을 충분히 식힌다.

2. 준비한 초코 크림을 타르트 쉘에 채운다.

- 뜨거운 상태에서 초코 크림을 채우면 크림의 질감이 변할 수 있으므로, 완전히 식힌 후 충전하는 것이 중요하다.
- 크림을 균일하게 펴 발라 표면이 매끄럽게 마무리되도록 한다.
- 충전 후 냉장 보관하여 크림이 안정화될 수 있도록 한다.

초콜릿의 역사와 비건 문화

초콜릿의 역사는 고대 문명으로 거슬러 올라간다. 약 3,000년 전 중남미 지역의 올메크 문명에서 카카오가 처음으로 음료 형태로 소비되기 시작하였고, 이후 마야와 아즈텍 문명에서는 카카오를 '신의 음식'으로 여겨 신성한 의식과 일상에서 중요한 위치를 차지하였다. 특히 아즈텍 제국에서는 카카오가 화폐로 사용될 만큼 귀중하게 여겨졌으며, 종교 제사와 왕실 행사에도 빠지지 않는 필수품이었다.

16세기 초, 스페인의 탐험가 에르난 코르테스에 의해 유럽에 전해진 카카오는 설탕과 우유가 첨가되며 현재와 같은 달콤한 초콜릿 형태로 발전하였다. 이후 산업혁명과 함께 대량 생산 기술이 도입되면서 초콜릿은 귀족의 전유물이 아닌 대중적인 간식으로 자리 잡게 되었다. 19세기와 20세기를 지나면서 다양한 형태의 초콜릿 제품들이 개발되었고, 세계적으로 초콜릿 산업은 거대한 규모로 성장하였다.

그러나 전통적인 초콜릿 제품에는 동물성 재료가 다수 포함되어 있어 비건 식단을 지향하는 이들에게는 소비에 제한이 있었다. 이에 따라 현대에 들어서면서 동물성 재료를 배제하고 식물성 원료만을 사용한 '비건 초콜릿'이 등장하였다. 비건 초콜릿은 우유 대신 귀리, 아몬드, 코코넛 등의 식물성 음료를 사용하고, 꿀 대신 유기농 설탕이나 아가베 시럽 등을 사용하여 만든다. 이러한 흐름은 단순히 비건 식단을 따르는 사람들뿐만 아니라, 건강과 환경을 고려하는 소비자들에게도 호응을 얻고 있다.

비건 문화는 단순한 식생활의 변화에 그치지 않고, 동물권 보호, 지속 가능한 농업, 공정무역 등의 가치를 중심으로 확장되고 있다. 초콜릿 산업에서도 이러한 흐름에 발맞추어 공정무역 인증을 받은 카카오, 플라스틱 없는 친환경 포장, 유기농 원료 사용 등 지속 가능성을 고려한 제품 개발이 활발하게 이루어지고 있다. 초콜릿의 역사는 이제 단순한 식품을 넘어, 문화적 가치와 윤리적 소비를 연결하는 새로운 지점으로 나아가고 있다.

크림치즈 타르트

(Cream Cheese Tart)

제품의 특징

01_ 식물성 크림치즈 대체

- 캐슈넛을 활용하여 크림치즈의 풍미를 재현하였으며, 유제품을 사용하지 않아 비건 친화적인 디저트이다.

02_ 새콤달콤한 조화, 자연스러운 단맛

- 레몬즙과 딸기잼을 활용하여 상큼한 맛을 강조하고, 바닐라 에센스를 더해 부드러운 향을 더했다.
- 설탕 사용량을 줄이고 천연 재료의 단맛을 활용하여 부담 없이 즐길 수 있도록 구성했다.

03_ 심플한 재료 구성

- 인공 첨가물을 배제하고 최소한의 원재료로 만들어 건강하고 깔끔한 맛을 제공한다.

영양학적 효능

01_ 캐슈넛

- 풍부한 단백질과 건강한 불포화지방산이 포함되어 있으며, 심혈관 건강을 돕는다.
- 마그네슘과 철분이 포함되어 있어 에너지 대사와 빈혈 예방에 기여한다.

02_ 레몬즙

- 비타민 C가 풍부하여 면역력을 높이고 피부 건강에 도움을 준다.
- 신진대사를 활성화하며, 소화를 돕는 역할을 한다.

03_ 딸기잼

- 딸기는 항산화 성분(폴리페놀, 비타민 C)이 풍부하여 노화 방지 및 세포 보호에 효과적이다.
- 식이섬유가 풍부하여 장 건강을 개선하고 소화를 원활하게 한다.
- 설탕 사용량을 최소화하여 과한 당 섭취를 줄이고, 건강한 단맛을 유지하였다.

재료 준비

- A(액체 및 그 외 재료)와 만들어둔 타르트지, 딸기잼 재료를 준비한다.
- 딸기잼 재료는 하나의 볼에 담아 계량한다.

배합표

<table>
<tr><td colspan="2" align="center">A</td><td></td><td colspan="2" align="center">B</td><td></td><td colspan="2" align="center">딸기잼</td></tr>
<tr><td>재 료 명</td><td>무 게(g)</td><td></td><td>재 료 명</td><td>무 게(g)</td><td></td><td>재 료 명</td><td>무 게(g)</td></tr>
<tr><td>캐슈넛</td><td>170</td><td></td><td>타르트지 ❶</td><td></td><td></td><td>냉동 딸기</td><td>150</td></tr>
<tr><td>레몬즙</td><td>30</td><td></td><td></td><td></td><td></td><td>설탕</td><td>80</td></tr>
<tr><td>바닐라 에센스</td><td>5</td><td></td><td></td><td></td><td></td><td>레몬즙</td><td>4</td></tr>
<tr><td>소금</td><td>1</td><td></td><td></td><td></td><td></td><td></td><td></td></tr>
<tr><td>딸기잼</td><td>80</td><td></td><td></td><td></td><td></td><td></td><td></td></tr>
</table>

제조 공정

01_준비 단계

1. 캐슈넛은 물에 담근 후 냉장고에서 12시간 이상 불린다.

2. 충분히 불린 캐슈넛은 체에 받쳐 물기를 제거한다.

- 캐슈넛은 단단한 구조를 가지고 있어 물에 담가 불리는 과정이 필요하다.
- 12시간 이상 냉장 보관하면서 불리면 수분을 흡수하여 조직이 연화되며, 갈아졌을 때 크림처럼 부드러운 질감을 얻을 수 있다.
- 불리는 동안 단백질과 지방이 부분적으로 분해되며, 더욱 고소한 맛을 형성한다.
- 물기가 남아있으면 크림을 만들 때 질감이 묽어질 수 있으므로 적절한 배수 과정(물기 제거)이 필요하다.

견과류용 타르트지를 5mm 두께로 팬닝한 타르트 틀을 준비한다.

- 5mm 두께로 밀어 타르트 틀에 팬닝하고, 30분~1시간 정도 냉장 휴지한 후 사용하면 타르트지의 모양 유지에 도움이 된다.
- 만약에 시간이 없다면 냉동고(15~20분)에서 빠르게 차갑게 만드는 것도 동일한 효과를 얻을 수 있다.

1. 냉동 딸기와 설탕, 레몬즙을 한 냄비에 담은 후 강불에서 저어가며 끓인다.

2. 설탕이 녹고, 딸기에서 빠져나온 수분이 반 이상 증발하면 중불로 줄인다.

- 설탕이 녹으며 삼투압 작용으로 인해 딸기에서 수분이 빠져나오고, 이 과정에서 펙틴이 방출되어 점성이 형성된다.

1. 주걱으로 저어가며 15~20분간 졸인다.

2. 되직한 상태가 되면 불을 끄고 식힌다.

- 졸이면서 당과 산의 반응으로 젤화가 이루어지며, 불을 끄고 식히면 점성이 증가한다.

02_재료 혼합

불려서 물기를 제거한 캐슈넛과 레몬즙, 바닐라 에센스, 소금, 만들어 식혀둔 딸기잼을 믹서기에 넣는다.

- 레몬즙은 pH를 낮추어 캐슈넛의 단백질 변성을 유도하고, 풍미를 높이는 역할을 한다.
- 바닐라 에센스는 고소한 풍미를 강조하는 역할을 하며, 소금은 단맛을 더욱 돋보이게 하는 역할을 한다.

믹서로 크림 상태가 될 때까지 간다.

- 믹서를 사용해 재료를 갈면 지방과 수분이 유화되면서 크림 같은 부드러운 질감을 얻는다.
- 이 과정에서 캐슈넛의 지방이 균일하게 분포되면서 유화가 안정화되고, 점성이 증가한다.

03_팬닝 및 굽기

팬닝한 타르트지에 유산지를 깔고 누름돌을 올린 후 윗불 170℃, 아랫불 180℃에서 20~25분간
굽는다.

- 누름돌(베이킹 빈)을 사용하는 이유는 타르트 반죽이 구울 때 부풀어 오르는 것을 방지하고, 균일한 두께를 유지하기
  위함이다.
- 오븐에서 열이 가해지면서 견과류 반죽 내의 지방이 녹고, 표면이 바삭하게 변하면서 마이야르 반응이 일어나 고소한
  풍미가 생성된다.

구운 타르트 쉘을 충분히 식힌다.

- 갓 구운 타르트지는 조직이 약하기 때문에 충분히 식힌 후 사용해야 한다.
- 실온에서 완전히 식히면 지방이 재결정화되면서 타르트지가 단단해지고, 크림을 채웠을 때 눅눅해지는 것을 방지할
  수 있다.

1. 완전히 식힌 타르트에 캐슈넛 크림을 채운다.

2. 윗면에 딸기나 바나나 등 제철과일 등을 올려
   장식한다.

- 과일의 자연스러운 당도와 산미가 크림치즈의 풍미와
  조화를 이루도록 제철과일을 선택한다.

비건 베이킹 테크닉 마스터

지은이 김창석, 이경미, 이정숙, 이지선
펴낸이 정규도
펴낸곳 ㈜다락원

초판 1쇄 발행 2025년 5월 20일

기획 권혁주, 김태광
편집 이후춘, 윤성미, 전수민

디자인 라미엘 | **이미지** Freepik

다락원 경기도 파주시 문발로 211
내용문의: (02)736-2031 내선 291~296
구입문의: (02)736-2031 내선 250~252
팩스: (02)732-2036
출판등록 1977년 9월 16일 제406-2008-000007호

정가 23,000원
ISBN 978-89-277-7474-7 13590